LE NEURONE

ET LES HYPOTHÈSES HISTOLOGIQUES

SUR SON MODE DE FONCTIONNEMENT

IMPRIMERIE LEMALE ET Cie, HAVRE

LE NEURONE

ET LES HYPOTHÈSES HISTOLOGIQUES

SUR SON MODE DE FONCTIONNEMENT

THÉORIE HISTOLOGIQUE DU SOMMEIL

PAR

Le Docteur Charles PUPIN

PARIS

G. STEINHEIL, ÉDITEUR

2, RUE CASIMIR-DELAVIGNE, 2

1896

LE NEURONE

ET LES HYPOTHÈSES HISTOLOGIQUES

SUR SON MODE DE FONCTIONNEMENT

Le 2 février 1895, le Professeur Mathias-Duval faisait à la *Société de biologie* la communication suivante :

Les notions nouvelles introduites dans l'histologie du système nerveux par les recherches de Golgi et de Ramon y Cajal sont de nature à suggérer d'intéressantes conceptions sur le mode de fonctionnement intime des éléments des centres. Il est universellement admis aujourd'hui que les cellules nerveuses sont en rapport les unes avec les autres non par continuité, mais par simple contiguïté des arborisations terminales du cylindre-axe de l'une avec les prolongements de protoplasma de l'autre. Il en résulte que, par exemple pour l'acte réflexe, le lieu de transformation de l'excitation sensitive en excitation motrice, le centre réflexe en un mot, est représenté non par une cellule nerveuse, mais par l'articulation à distance des prolongements sus-indiqués (voir : Morat, *Revue Scientifique,* 24 nov. 1894). Donc les agents qui, tels que la strychnine ou le bromure de potassium, modifient le pouvoir réflexe, agissent sur les lieux de contact des prolongements des cellules nerveuses. L'idée qu'un poison peut porter son action non sur la cellule nerveuse, mais spécialement et exclusivement sur les ramifications terminales de ses prolongements, est confirmée par ce que nous savons du mode d'agir du curare exclusivement sur l'arborisation terminale du nerf moteur.

S'il en est ainsi, et comme il nous est permis d'étendre ces notions à tous les centres nerveux, nous pouvons aujourd'hui bien mieux comprendre les conditions anatomiques, les processus histologiques des phénomènes tels que la mémoire, l'association des idées, l'imagination, et de même comprendre histologiquement les résultats de l'habitude, de l'éducation. C'est ainsi que récemment E. Tanzi (*Rivista sperim. di Frenatria e Med. leg.*, 1893) fait remarquer que, comme tout acte fonctionnel réitéré hypertrophie l'organe qui en est le siège, le passage répété des courants nerveux doit provoquer l'hypertrophie dans les cellules nerveuses en fonction ; si cette hypertrophie a lieu dans le sens de la longueur du prolongement, elle diminuera la distance entre les parties qui doivent communiquer ; quand le passage de neurone à neurone devient très facile, par plus de proximité, il devient inconscient ; c'est pourquoi les actes habituels, automatiques, sont inconscients.

Mais on peut encore se demander s'il s'agit là d'une proximité définitivement établie entre les ramifications terminales, ou d'une facilité acquise par ces ramifications de s'allonger à un moment donné, de se rétracter à un autre moment, par une véritable propriété amœboïde de leur protoplasma. Les observations de Wiedersheim (*Anat. Anzg.*, 1890) sur le cerveau du *Leptodera hyalina* lui ont permis de constater que les cellules nerveuses ne sont pas immobiles, mais présentent des changements de forme, des mouvements amœboïdes. D'autre part, les cellules olfactives sont considérées aujourd'hui comme des cellules nerveuses, et on sait que leurs prolongements périphériques, homologues des prolongements dits de protoplasma d'un neurone, sont doués de mouvements. L'hypothèse de l'amœboïsme des ramifications nerveuses terminales, a ainsi pour base des faits d'observation. Nous pouvons donc penser que, non seulement les connexions des cellules nerveuses, dans les centres, sont de pure contiguïté, mais encore que cette contiguïté peut être d'un moment à l'autre plus ou moins intime, qu'elle présente une certaine *adventicité* (1), selon les circonstances. On conçoit qu'ainsi l'imagination, la mémoire, l'association des idées deviennent plus actives sous l'influence de divers agents (thé, café), qui auraient sans doute pour action d'exciter l'amœboïsme des extré-

(1) Cette expression, très heureuse, a été employée par M. Dastre, au cours de la discussion qui a suivi la présente communication.

mités nerveuses en contiguïté, de rapprocher ces ramifications, de faciliter les passages.

Cette conception, qui ramène les actes cérébraux même les plus élevés à des processus histologiques semblables à ceux que nous observons sur les amibes ou les leucocytes, trouverait son application dans l'analyse du phénomène du sommeil et du réveil, et nous donnerait ce que j'appellerais la *théorie histologique du sommeil*. Chez l'homme qui dort, les ramifications cérébrales du neurone sensitif central (voir la momenclature de VAN GEHUCHTEN pour les neurones sensitifs) sont rétractées, comme le sont les pseudopodes d'un leucocyte anesthésié, sous le microscope, par l'absence d'oxygène et l'excès d'acide carbonique. Les excitations faibles portées sur les nerfs sensibles provoquent, chez l'homme endormi, des réactions réflexes, mais ne passent pas dans les cellules de l'écorce cérébrale; des excitations plus fortes amènent l'allongement des ramifications cérébrales du neurone sensitif, par suite le passage jusque dans les cellules de l'écorce, et par suite le réveil, dont les phases successives traduisent bien ces rétablissements d'une série de passages précédemment interrompus par rétraction et éloignement des ramifications pseudopodiques.

Mais de même que des excitations particulières, violentes ou non habituelles, amènent l'amibe à se rétracter, des excitations spéciales produiront la rétraction des pseudopodes nerveux, l'arrêt de la fonction nerveuse correspondante (actes d'inhibition, théorie de l'interférence nerveuse), et des excitations violentes, anormales, par le même mécanisme produiront les anesthésies et paralysies hystériques. Nous ne saurions insister ici sur ces interprétations, mais il est évident qu'elles se prêtent merveilleusement à l'explication de la production comme de la disparition des troubles hystériques.

M. AZOULAY a récemment communiqué à la Société le résultat de ses recherches sur l'anatomie pathologique de la paralysie générale, étudiée par la méthode de GOLGI-CAJAL. Il a constaté la disparition d'une partie des ramifications des panaches des cellules pyramidales, c'est-à-dire une atrophie partielle, non plus adventice, des pseudopodes du neurone.

La comparaison, l'identification du neurone avec un Amibe et ses pseudopodes a déjà été faite, à propos de la dégénérescence des nerfs sectionnés, et on a très heureusement rapproché ce processus de celui observé par BALBIANI dans ses expériences de mérotomie chez les

Infusoires (Morat, *op. cit.*). Les idées que nous émettons aujourd'hui sont une extension légitime de ces rapprochements. La comparaison du neurone avec l'Amibe peut éclairer encore bien d'autres questions que celles ici indiquées. Pour en signaler une encore, nous dirons combien, à la lumière de cette comparaison, doit paraître vaine et sans raison d'être la fameuse hypothèse de la *neurilité* ou de la conductibilité indifférente de la fibre nerveuse, et par suite combien perdent de leur intérêt les ingénieuses mais toujours infructueuses tentatives de Paul Bert, pour souder un nerf sensitif avec un nerf moteur. Ces expériences, qui nous ont tous enthousiasmés, autrefois, nous paraissent aujourd'hui sans raison d'être, ou se réduisent au problème de savoir si on pourrait, après avoir sectionné un pseudopode d'un Amibe, amener la soudure de ce pseudopode avec le corps d'un autre Amibe.

Les hypothèses émises par M. Mathias-Duval présentent le plus grand intérêt : combattues par les uns, adoptées et corroborées par les autres, aujourd'hui encore, elles sont l'objet de nouvelles recherches et d'observations judicieuses.

Nous nous proposons d'exposer l'état actuel de la question.

M. Mathias-Duval, notre excellent maître, a bien voulu nous diriger dans cette entreprise et nous aider de ses conseils : qu'il reçoive ici l'expression de notre plus profonde gratitude.

Voici le plan de notre travail :

I. — **Données anatomiques sur les connexions des cellules nerveuses :**

1° Idées anciennes.
2° Idées nouvelles. — Théorie du neurone.

II. — Données expérimentales sur l'activité des éléments nerveux :

1° Combustions et production de chaleur ; — Produits de
désassimilation ; — Électricité ; pile physiologique, etc.
2° Étude des modifications morphologiques du corps cellulaire et de son noyau.

III. — Hypothèses inspirées par les notions histologiques nouvelles :

1° Centre du réflexe : cellule ou articulation des panaches ?
2° Modifications possibles des articulations ;
3° Hypothèses de Mathias-Duval et autres. Revue des critiques qui y ont été faites ;
4° Théorie de Ramon y Cajal.

IV. — Cas particulier du sommeil :

1° Résumé des théories anciennes ;
2° Théorie histologique du sommeil.

Considérations générales sur les applications de l'hypothèse
de Mathias-Duval à la psychologie, à l'action des poisons, à l'ivresse, à la pathologie, etc.

Afin de rendre plus facile et plus pratique la lecture de
l'index bibliographique, nous avons jugé à propos de le diviser en sections placées à la suite de chaque chapitre ou sous-
chapitre.

Nous ferons aussi remarquer que, bien que cette thèse repose sur des considérations d'ordre théorique, il nous a néanmoins semblé nécessaire de ne point négliger les détails techniques les plus importants ; c'est ainsi que nous avons indiqué au chapitre II les procédés employés par Mann et Hodge dans leurs recherches.

CHAPITRE I

Données anatomiques sur les connexions des cellules nerveuses.

1° **Idées anciennes.**

Ehrenberg, le premier, en 1833, découvrit dans les ganglions spinaux les *cellules* dites *ganglionnaires ;* mais la description exacte n'en fut donnée que par Valentin (1836). En 1838, Purkinje trouva des cellules semblables dans le cerveau. A la même époque, Remak, en étudiant le système du grand sympathique des Vertébrés, crut reconnaître qu'une partie des expansions des cellules ganglionnaires se continuait par des fibres nerveuses ; en 1842, Helmholtz et Hannover firent une constatation analogue chez les Invertébrés.

Kölliker vit, deux années après, dans les ganglions spinaux, des cellules *unipolaires* se prolongeant par des fibres à myéline, et l'on considéra comme acquis que les ganglions spinaux ne renfermaient que des cellules *unipolaires*. Mais en 1847, Bidder, Reichert, Robin et Rud. Wagner constatèrent que les cellules nerveuses des ganglions spinaux des Poissons sont bipolaires et se continuent, à leurs deux pôles, par des fibres nerveuses à myéline, de sorte que les cellules paraissent être simplement intercalées entre des fibres nerveuses.

Un laps de temps fort long s'écoula ensuite avant qu'on ne sût rien de positif sur les connexions des cellules nerveuses de l'axe cérébro-spinal avec les nerfs périphériques. Il faut arriver à DEITERS, en 1865, pour voir se réaliser un progrès sérieux dans la connaissance de la morphologie de la cellule nerveuse. Ce progrès était simplement la généralisation d'une découverte faite par WAGNER sur le lobe électrique du cerveau de la Torpille et étendue par REMAK, d'après des observations sur la moelle du Bœuf, à toutes les cellules motrices. DEITERS démontra que toute cellule nerveuse émet des *prolongements* de deux sortes : des expansions *protoplasmiques ramifiées* et un prolongement *cylindraxile*, non ramifié, se continuant directement par des tubes nerveux. Ce prolongement cylindraxile présente deux dispositions : le cylindre-axe principal, unique, plus volumineux, et des prolongements fins qui prennent naissance sur les expansions protoplasmiques elles-mêmes multiples ; tous se continuent directement par un tube nerveux à myéline. DEITERS ne put prouver ses assertions d'une manière irréfutable, parce que les prolongements cylindraxiles, visibles dans ses préparations, ne pouvaient être poursuivis que sur un trop faible trajet.

GERLACH, dont le principal travail a été publié en 1871, n'eut pas de meilleures préparations à sa disposition. Mais, guidé par les travaux de ses devanciers, et sous l'empire des idées régnantes en physiologie, il imagina une théorie sur la structure de la substance grise qui a dominé la science jusqu'à ce jour et compte encore des partisans. Cette théorie peut se résumer dans la formule suivante : *Les cellules nerveuses s'anastomosent entre elles par l'intermédiaire des*

ramifications de leurs prolongements protoplasmiques.
Ainsi, d'après GERLACH, les prolongements protoplasmiques

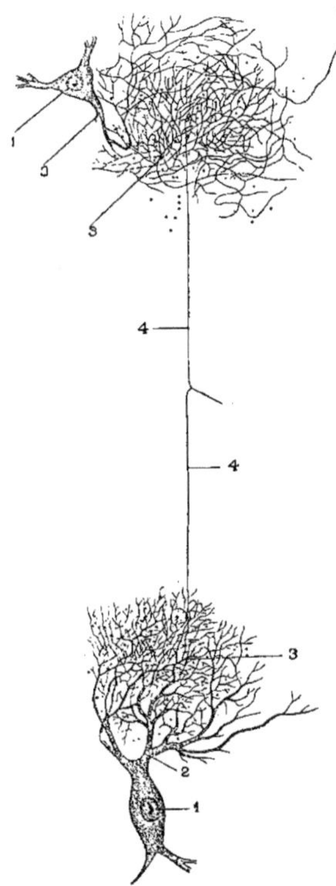

FIG. 1. — Réseau de GERLACH.

1,1. Cellules nerveuses de la moelle épinière.
2,2. Prolongements protoplasmiques de ces cellules.
3,3. Réseaux fibrillaires formés par les subdivisions de ces prolongements.
4,4. Anastomose entre ces deux réseaux.

se ramifient de plus en plus et finissent par se résoudre en

fibrilles extrêmement fines qui s'anastomosent entre elles
et avec les fibrilles semblables des cellules voisines. Toute
la substance grise est traversée par ce réseau extraordinairement riche et délicat qui établit les relations les plus multiples et les plus complexes entre les cellules nerveuses. De
plus, les fibrilles se groupent entre elles de manière à former
des *fibres nerveuses* qui, sortant de la substance grise, concourent à former la substance blanche et surtout les racines
postérieures de la moelle et qui se distinguent, au moins par
leur mode d'origine, des nerfs naissant directement de la
cellule nerveuse à l'état de prolongement cylindraxile ou de
DEITERS. Dans la théorie de GERLACH, les racines antérieures
de la moelle sont la continuation des prolongements cylindraxiles principaux émanant des grandes cellules multipolaires ganglionnaires des cornes antérieures. Mais ce fait n'a
reçu un commencement de preuve que des travaux de RANVIER
qui a noté que la fibre à myéline qui fait suite au prolongement de DEITERS prend la *direction* de la racine antérieure.
Il était réservé à WEIGERT de faire la preuve définitive.

Pour être complet, nous devrions analyser ce qu'on savait
à l'époque de GERLACH sur le bulbe, le cervelet, le cerveau ;
mais nous allongerions inutilement notre travail.

Les traités d'anatomie, publiés il y a une vingtaine d'années,
ne renseignent que médiocrement sur les connexions des
cellules nerveuses : — cellules de PURKINJE (cervelet), cellules
pyramidales (écorce grise du cerveau), etc., — avec les fibres
nerveuses et par leur intermédiaire avec les autres territoires
des centres nerveux. GERLACH et BOLL avaient du reste introduit partout le fameux réseau protoplasmique ; cela nous suffit
pour l'instant.

2° **Idées nouvelles.**

1° Avec les découvertes de nouveaux procédés techniques, l'histologie des centres nerveux est entrée dans une nouvelle phase, grâce aux travaux de GOLGI, de RAMON Y CAJAL, de HIS, de KÖLLIKER, de RETZIUS, etc. La théorie la plus importante qui signale le début de cette nouvelle phase est celle de GOLGI. D'après le savant italien, les prolongements protoplasmiques des cellules nerveuses ne sont pas de nature nerveuse, au sens physiologique du mot, et ne s'anastomosent jamais ; c'est la négation absolue du réseau de GERLACH. En revanche, les prolongements protoplasmiques auraient des connexions avec la névroglie et les vaisseaux. GOLGI décrit deux types de cellules nerveuses, qui se distinguent principalement par la manière dont se comporte le prolongement cylindraxile, élément caractéristique de toute cellule nerveuse. Ce prolongement se détache du protoplasma cellulaire lui-même ou de la plus grosse expansion protoplasmique ; il s'amincit ensuite, décrit une légère sinuosité, puis se ramifie. Deux cas sont à distinguer : 1° le prolongement cylindraxile ne donne qu'un très petit nombre de fibrilles collatérales fines, à angle droit, et à des intervalles égaux ; il conserve son individualité pour constituer, après s'être recouvert de myéline, une fibre nerveuse ; c'est, à part les fibres collatérales, le type décrit par DEITERS : on peut donc, avec LENHOSSEK, l'appeler le *type de* DEITERS, mais communément, on le désigne sous le nom de *type I de* GOLGI ; 2° le prolongement cylindraxile perd son individualité peu après sa naissance et se ramifie tout d'un coup en se divisant successivement en branches de plus en plus délicates dont l'ensemble constitue une arborisation; c'est le *type II de* Golgi ou *le type de* Golgi proprement dit (Waldeyer, Lenhossek). Le prolongement cylindraxile, dans ce dernier cas, ne se recouvre de myéline à aucun moment, mais peut se terminer à une distance plus ou moins grande de la cellule-mère, sans quitter la substance grise. Golgi considère les cellules du type I comme motrices, celles du type II comme sensitives.

Golgi admet en outre que toutes les couches de la substance grise renferment un *réseau nerveux diffus* d'une délicatesse et d'une complexité extrêmes, qui met en rapport les diverses cellules nerveuses. A la formation de ce réseau concourent : 1° les fibrilles collatérales du prolongement cylindraxile des cellules appartenant au type I ; 2° l'ensemble des ramifications ou des arborisations émanant du prolongement cylindraxile des cellules du type II ; 3° les fibrilles résultant de la décomposition des fibres nerveuses qui, perdant leur individualité, viennent se confondre dans le réseau ; 4° enfin, les ramifications terminales de fibrilles collatérales provenant des fibrilles nerveuses de la substance blanche. Golgi ne se prononce pas du reste sur la nature intime de ce réseau, ou du moins, il a modifié son opinion à cet égard, en n'en faisant pas nécessairement le résultat de l'anastomose des arborisations ; ce ne serait qu'un inextricable lacis, une sorte de feutrage de fibrilles extrêmement ténues.

La différence essentielle entre la théorie de Gerlach et celle de Golgi consiste dans l'origine même du réseau qui, selon le premier, résulterait d'une anastomose des ramifications protoplasmiques, suivant le second, d'une intrication serrée des ramifications cylindraxiles. Mais ils sont d'accord pour faire émaner les fibres motrices d'un cylindre-axe unique et indépendant et les fibres sensitives d'un réseau. De plus, pour Gerlach, les connexions entre les fibres sensitives ne peuvent s'établir que par l'intermédiaire du corps cellulaire, tandis que, pour GOLGI, les prolongements cylindraxiles des cellules motrices et des cellules sensitives confondues

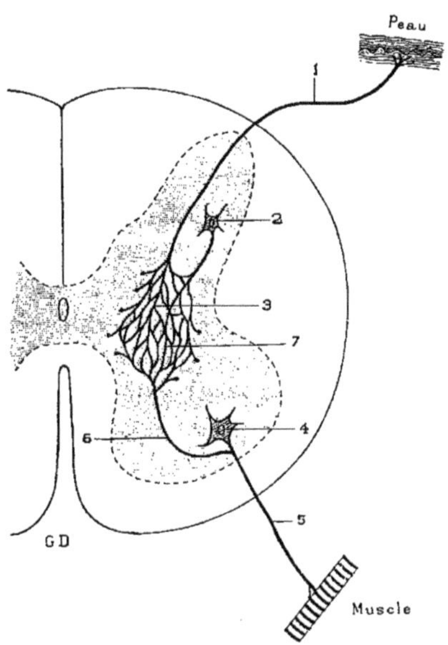

FIG. 2. — Réseau de GOLGI (schématique).

1. Fibre sensitive allant du tégument à une cellule sensitive de la corne postérieure de la moelle épinière.
2. Cette cellule.
3. Arborisations formées par la fibre sensitive.
4. Cellule motrice de la corne antérieure.
5. Fibre motrice partant de cette cellule et allant à un muscle.
6. Fibre collatérale rétrograde émanée de cette fibre.
7. Arborisations fournies par la fibre rétrograde et anastomosées avec celles de la fibre sensitive (3) pour former un réseau.

dans le réseau y concourent également ou même exclusivement. Ajoutons simplement comme correctif qu'il est bien

P.   2

établi aujourd'hui — nous y reviendrons plus loin — qu'il est impossible de distinguer des cellules motrices et des cellules sensitives suivant les types I et II de GOLGI, quoique l'existence de ces types soit indiscutable.

2° Les découvertes de GOLGI ont littéralement révolutionné les idées qui avaient cours dans la science ; elles ont été le point de départ de nombreux travaux qui, tout en les confirmant en partie, ont cependant permis de rectifier sur bien des points les inductions du physiologiste italien et ont fait connaître un grand nombre de faits nouveaux. Comme nous l'avons dit, nous sommes redevables de ces nouvelles découvertes à de purs procédés de technique microscopique : à des méthodes d'imprégnation métallique et de coloration grâce auxquelles on peut suivre les ramifications protoplasmiques et cylindraxiles jusqu'à leur extrême limite. Avant d'exposer les faits, il est donc utile de décrire sommairement ces procédés.

La méthode de GOLGI, découverte en 1876, a été depuis modifiée. Telle qu'on l'emploie actuellement, elle consiste à traiter les organes renfermant des éléments nerveux par un mélange, en proportions déterminées, de bichromate de potasse et d'acide osmique. Après un séjour de peu de durée dans ce mélange, la pièce est plongée dans une solution de nitrate d'argent, où on la laisse séjourner pendant le temps convenable. On pratique ensuite les coupes, coupes épaisses qu'on éclaircit en les montant dans le baume. Les cellules nerveuses et leurs prolongements y apparaissent colorés en noir, grâce au dépôt d'argent métallique qui se forme par l'action de la lumière : l'épaisseur de la coupe permet de suivre ces prolongements, alors même qu'ils sont situés dans des plans différents. Ces préparations offrent une netteté extrême : on y aperçoit les prolongements cellulaires jusque dans leurs plus fines ramifications.

En 1886, Ehrlich a imaginé une méthode basée sur ce fait que le bleu de méthylène colore d'une manière spécifique les éléments nerveux, surtout les périphériques, à l'état vivant. Le procédé se résume à injecter dans le système vasculaire de l'animal vivant une solution de bleu de méthylène ou à traiter un tissu vivant par cette solution. Il fournit des résultats aussi parfaits que la méthode de Golgi, du moins en ce qui concerne l'histologie des terminaisons nerveuses dans les organes sensoriels et dans les muscles et celle de certains ganglions nerveux. Des difficultés spéciales d'exécution n'ont pas encore permis d'appliquer le procédé d'Ehrlich aux centres nerveux.

Enfin, une troisième méthode, celle de Nissl, sera indiquée plus bas, quand nous étudierons la morphologie et les modifications fonctionnelles du corps cellulaire.

Ce serait dépasser le but que d'analyser ici les travaux individuels des hommes éminents qui ont contribué à fonder la théorie actuelle de la cellule nerveuse, du neurone, comme l'a appelé Waldeyer. Cet historique analytique a, du reste, été fait de main de maître par ce savant anatomiste, dans une remarquable monographie publiée par lui en 1891 dans le *Deutsche medicinische Wochenschrift*. Nous dirons comme Tanzi : « Les faits et les inductions que nous allons exposer ne représentent plus l'œuvre géniale, mais isolée, d'un savant ou d'une école; c'est le fruit du travail collectif de tous, depuis que la méthode de coloration par le nitrate d'argent est devenue d'un usage général. » Dans le cours même de ce travail, justice sera rendue à chacun. Et, puisque nous avons nommé Tanzi, signalons tout de suite l'important travail qu'il vient de publier dans la *Rivista sperimentale di frenatria e di medicina legale*, V. XIX, et auquel nous avons beaucoup emprunté, particulièrement l'ordre systématique qui préside à l'exposition des faits.

THÉORIE DU NEURONE

I. — *Le prolongement nerveux cylindraxile de la cellule ganglionnaire se termine par une arborisation libre amyélinique, de même que les rameaux collatéraux de tout prolongement nerveux.* En d'autres termes, le prolongement nerveux d'une cellule ne s'anastomose ni avec ceux des autres cellules, ni avec les ramifications protoplasmiques ou dendrites. C'est ce que Tanzi appelle la *loi fondamentale* (1) *des terminaisons libres* qui s'applique aussi bien aux dendrites qu'aux arborisations terminales cylindraxiles. Ce terme d'*arborisations terminales* a du reste été introduit dans la science par Ranvier, qui a constaté que la fibre motrice ne pénétrait jamais dans la plaque motrice, mais qu'elle se divisait en fibrilles à terminaisons libres embrassant simplement cette plaque. Plus tard, Ramon y Cajal, Kölliker, etc., retrouvérent cette terminaison libre dans les ganglions spinaux des Mammifères. Les travaux récents ont permis de généraliser le phénomène et de l'étendre à tout le système cérébro-spinal. Voici comment on peut classer les arguments :

1° La substance grise de la moelle épinière renferme un grand nombre d'arborisations dont chacune représente l'extrémité d'un prolongement cylindraxile ou d'un rameau collatéral. En suivant le trajet d'une de ces terminaisons vers l'origine, on la voit toujours se rattacher à une fibre myélinique ou amyélinique qui n'est autre chose qu'un prolongement nerveux ou cylindraxile, et l'on aboutit invariablement à la cellule ganglionnaire d'origine. Avant Cajal on savait,

---

(1) On devrait plutôt dire le phénomène fondamental, c'est-à-dire constant ; car un phénomène constant n'est pas une loi.

par les travaux de Ranvier, que la cellule du ganglion spinal donne naissance à un prolongement nerveux primitif qui, après un court trajet, se divise en T, dans le ganglion même, en donnant un *rameau centripète* qui concourt à la formation de la racine postérieure et un *rameau centrifuge* qui constitue le nerf sensitif périphérique.

Cajal a constaté à son tour — et c'est là une découverte de premier ordre — qu'il y a un T *extra-ganglionnaire*, résultant de la bifurcation de la branche centripète du T intra-ganglionnaire dans la *zone marginale* du cordon postérieur. Parfois la fibre radiculaire centripète, avant de pénétrer dans le cordon postérieur, où elle se bifurque, donne une collatérale. Les deux branches de bifurcation, l'une ascendante plus longue, l'autre descendante plus courte (ce qui explique l'amincissement des cordons postérieurs vers le bas), se recourbent à angle droit, à une distance plus ou moins grande du point de bifurcation et au niveau des racines spinales, traversent ensuite la substance gélatineuse de Rolando et se terminent librement en un point plus ou moins profond des cornes. La branche supérieure peut du reste atteindre et dépasser le bulbe. Des deux branches partent à angle droit des collatérales qui pénètrent horizontalement dans les cornes et s'y terminent également par une arborisation libre. Les collatérales peuvent en outre passer du cordon et de la corne postérieure d'un côté au cordon et à la corne postérieure de l'autre côté, ou encore à la corne antérieure du côté opposé, de manière à concourir à la formation des deux commissures antérieure et postérieure ; elles se terminent invariablement par des arborisations libres.

2° Dans la moelle, autour des grandes cellules de la corne antérieure, se voient d'autres arborisations terminales leur faisant comme une auréole et sans aucun contact ; ces arborisations proviennent des faisceaux pyramidaux des cordons latéraux et antérieurs ou de l'écorce du cerveau, faisceaux qui, au lieu de pénétrer directement dans les racines antérieures, après s'être recourbés à angle droit, s'arrêtent devant une cellule ganglionnaire de la corne antérieure homonyme ou du côté opposé : les collatérales émises horizontalement par ces faisceaux se comportent exactement de même, se terminant toujours par des arborisations libres amyéliniques. Il en résulte que les racines sont entièrement formées par les prolongements nerveux de cellules situées à une faible distance dans la moelle même.

3° De même que dans les cornes spinales, on voit dans *l'écorce du cerveau* des fibres qui viennent de la couronne rayonnante et se terminent dans ses différentes couches par des arborisations, surtout abondantes dans la zone motrice (CAJAL), et sans aucune connexion avec les cellules de l'écorce. Elles représentent probablement la projection ultime du processus de la sensibilité cutanée.

4° L'écorce cérébrale, les ganglions encéphaliques et les cornes médullaires renferment en outre des arborisations cylindraxiles provenant des cellules de la région même, c'est-à-dire à prolongement nerveux très court et toujours amyélinique (type II de GOLGI).

5° Les *nerfs sensitifs crâniens* se terminent par des arborisations libres autour des cellules des noyaux dits d'origine ; de même que pour les nerfs rachidiens, les vraies cellules d'origine de ces fibres sont périphériques. Ces fibres encéphaliques présentent quelquefois une bifurcation en T (KÖLLIKER) et offrent constamment des collatérales à terminaisons libres.

6° Les nerfs *hypoglosse, facial, pathétique, oculo-moteurs, spinal* partent de cellules dont les prolongements protoplasmiques se terminent également par des arborisations libres.

7° Les cylindres-axes des petites cellules de la couche moléculaire du *cervelet* se terminent de même par des arborisations libres.

8° On a objecté que les arborisations pouvaient bien être le résultat d'anastomoses et que, par un accident de préparation, elles ne sont restées adhérentes qu'à une seule fibre nerveuse. Le doute n'est plus possible aujourd'hui que des milliers d'observations prouvent que l'arborisation terminale est bien une formation naturelle; c'est ce que démontrent encore les observations histogéniques faites par CAJAL et autres sur les embryons et les nouveau-nés des Vertébrés. Chaque prolongement nerveux présente à son extrémité une expansion particulière, le *cône d'accroissement*, germe de l'arborisation future; ce cône se couvre de saillies épineuses irrégulières servant à former les fibrilles, toujours dépourvues de myéline, lors même que le reste du prolongement se couvre de myéline par la suite.

9° L'existence des arborisations libres a encore été constatée sur les fibres nerveuses éparses dans le stroma de l'ovaire (RIEDE), sur les vaso-moteurs de la rate et du rein (AXEL KEY et RETZIUS), etc.

Le système du grand sympathique chez les Vertébrés et le système nerveux des Insectes paraissent faire exception à la règle générale des terminaisons libres. Cependant on a trouvé des arborisations libres chez d'autres Arthropodes (RETZIUS) et dans les ganglions du grand sympathique de certains Vertébrés (VAN GEHUCHTEN). Quoi qu'il en soit, on peut accepter comme démontré que le réseau intercylindraxile de GOLGI n'existe pas, du moins dans l'axe cérébro-spinal. Ce fait ne saurait être infirmé par une observation isolée comme celle de MASIUS. Selon cet auteur, les prolongements cylindraxiles, aussi bien que les prolongements protoplasmiques, présenteraient des *terminaisons en fourche* susceptibles de s'anastomoser soit avec les prolongements homonymes, soit avec les hétéronymes, en formant un *réseau mixte*.

Qu'on songe enfin à la difficulté de ce genre d'observations, au nombre de coupes qu'on est obligé de faire pour suivre une fibre dans les différents plans de son trajet, et l'on comprendra qu'il puisse exister encore des doutes chez quelques-uns et on n'en admirera que plus la patience et l'ingéniosité des histologistes qui ont réussi à établir un fait de cette importance sur un nombre vraiment colossal de préparations.

II. — *Les prolongements protoplasmiques ou dendrites* (His) *de chaque cellule nerveuse se ramifient d'après un mode peu différent des prolongements nerveux.* Les dendrites sont libres et ne s'anastomosent ni entre elles, ni avec celles des cellules voisines, ni avec les arborisations cylindraxiles.

La démonstration de cette règle est due à Golgi; Tanzi la désigne sous le nom de *loi* (on devrait plutôt dire fait) *complémentaire des arborisations libres*. C'est la condamnation sans appel du réseau de Gerlach et de toutes les hypothèses faites antérieurement et sur lesquelles il n'y a plus intérêt à insister. Il est aujourd'hui établi que les cellules nerveuses présentent des prolongements dendritiques, d'un aspect plus variqueux que les prolongements cylindraxiles, et très variables de forme et de nombre. De la cellule nue et arrondie des ganglions spinaux on passe, par degrés, aux riches panaches des *cellules de* Purkinje et à ceux non moins beaux des grandes *cellules pyramidales* qui peuvent traverser jusqu'à deux couches de l'écorce cérébrale et devenir même visibles à l'œil nu (Golgi). Les grandes cellules spinales des cornes antérieures présentent également de grandes dimensions et contribuent par leurs dendrites à former la commissure antérieure.

De plus, les dendrites se terminent par une extrémité variqueuse libre, tout comme les arborisations cylindraxiles. Mais elles sont d'un examen plus facile que celles-ci, en raison de leur nombre plus considérable, et de leur brièveté ; de plus, elles se divisent dichotomiquement à angle aigu et, par suite, occupent une aire beaucoup moins vaste.

Des exceptions ont été signalées par WAGNER, ARNOLD, BASSER, DOGIEL, RUFFINI, LEGGE et MASIUS. Dans les faits signalés par les trois premiers, GOLGI ne voit que la simple manifestation d'un arrêt de développement. Les autres n'ont pas une valeur décisive. Ainsi DOGIEL a décrit, dans la rétine de divers animaux, des anastomoses intercellulaires, non seulement dans le sens de celles de GOLGI, mais encore dans le sens de celles de GERLACH. De même LEGGE a rencontré fréquemment dans l'écorce cérébrale de la Souris des ponts protoplasmiques entre diverses cellules ganglionnaires, ponts qui ont quelquefois une telle longueur (RUFFINI), qu'il n'est pas possible de les interpréter par un arrêt de développement. A leur tour, RAWITZ, NANSEN, et BÉLA HALLER auraient rencontré, chez les Mollusques et les Annélides, des connexions directes entre deux ou plusieurs cellules par l'intermédiaire d'un ou de plusieurs prolongements protoplasmiques. Enfin MASIUS, outre les réseaux de GERLACH et de GOLGI, admet, comme nous l'avons vu, un réseau mixte.

III. — *Dans la substance grise des centres nerveux, l'entre-croisement des fibres amyéliniques est entièrement formé par les arborisations cylindraxiles et les dendrites libres émanées des cellules nerveuses, et il n'existe pas de*

*réseau fibrillaire réunissant anatomiquement une cellule
à une autre.*

Donc, pas de réseau d'aucune sorte. Cependant, le réseau
inter-cylindraxile de GOLGI a encore des défenseurs tels que
SALA, MARTINOTTI, MARCHI, MONTI, et FUSARI, quoique son
auteur lui-même, comme nous l'avons déjà signalé, soit
disposé aujourd'hui à n'admettre qu'un simple entrelacement
des fibrilles cylindraxiles. Il est vrai que le résultat est le
même ; avec ce lacis diffus et étendu à tous les centres
nerveux on arriverait à dépouiller l'Homme, comme nous le
verrons dans la partie physiologique de ce travail, de sa
faculté maîtresse, celle de raisonner, et on reviendrait à
l'invariabilité de l'automatisme.

Du reste la constance des terminaisons libres fait, de
prime abord, justice de toute espèce de réseau, et l'on peut
concevoir la structure de la substance grise sans y avoir
recours non plus qu'à toute autre hypothèse. Le stroma en
est formé par la forêt des arborisations et des dendrites,
entremêlée de cellules nerveuses, de névroglie et de vaisseaux.

IV. — *Les cellules et les fibres du système nerveux ne
sont pas deux éléments séparés, mais forment un tout
unique.* Ainsi la cellule ganglionnaire, avec son prolongement nerveux et ses dendrites, forme une individualité anatomique, physiologique et histogénique, un tout isolé et
indépendant, *le neurone* de WALDEYER. Le système nerveux
n'est en réalité qu'un agrégat de neurones sans soudure entre
eux. L'onde nerveuse parcourt la série des neurones, se transmettant par contiguïté et non par continuité.

Cet énoncé comprend toute la théorie du neurone ; celle-ci
est suffisamment établie par ce qui précède et il n'est même pas

nécessaire d'avoir recours aux preuves embryologiques. Nous n'insisterons donc pas sur ces dernières : His a en effet bien prouvé que le cylindre-axe émane d'une seule cellule, et Paladino a montré par surcroît qu'il dérive directement du nucléus unique de la cellule par deux racines. Comme on le verra, la théorie du neurone, bien établie anatomiquement et histologiquement, ne rencontre pas d'obstacles sérieux dans la physiologie.

V. — *Il existe des neurones variés de forme et de rapports, qu'il est facile de classer par groupes* — anatomiquement et fonctionnellement. On peut tout d'abord diviser les neurones en deux grands groupes, les neurones courts et les neurones longs.

A. — Neurones courts. — Ils se terminent toujours dans le district même de la substance grise où ils ont pris naissance ; leurs prolongements ne traversent ni la couronne rayonnante, ni les cordons spinaux, ni les racines, etc., et ne se revêtent jamais de myéline. Ce sont :

1° *Les neurones de* Golgi, ceux de son type II. Leurs prolongements se terminent très vite par des arborisations libres. Ils sont répandus dans toutes les parties du système nerveux. Golgi les croyait *sensitifs;* on les appelle aujourd'hui *neurones d'association.*

2° *Les neurones corticaux* ou *neurones de* Cajal. Ceux-ci présentent plusieurs prolongements. On les prenait jadis pour de la névroglie ; Cajal en a démontré la vraie nature. On les trouve dans la *couche moléculaire* de l'écorce cérébrale. Ce qui les caractérise surtout, ce sont leurs prolongements protoplasmiques multiples et extraordinairement longs d'où partent horizontalement et dans le sens antéro-postérieur un, deux et jusqu'à quatre prolongements cylindraxiles qui donnent leurs arborisations dans la même couche et dans le même hémisphère. Comme ces neurones, tout en étant fort longs, restent limités dans un même district de la substance grise, il n'y a pas d'inconvénient à les placer à côté des précédents ; du reste, ils ne communiquent directement ni avec les muscles, ni avec les appareils périphériques de la sensibilité, et physiologiquement doivent jouer le même rôle que les précédents : ce sont donc également des *neurones d'association*.

3° *Les neurones cérébelleux de la couche moléculaire*, situés dans les deux tiers internes de cette couche. Ils appartiennent au type II de GOLGI. Leur prolongement, qui va en se renflant, traverse le tiers superficiel de la couche d'avant en arrière, horizontalement et perpendiculairement aux lamelles du cervelet ; la fibre se replie quelquefois en anse. Ce sont encore des *neurones d'association*.

4° Les *neurones* courts du *lobe optique* et du *lobe olfactif* mettant en rapport entre eux divers neurones longs de transmission centripète.

B. — NEURONES LONGS. — Ils sont caractérisés par la longueur, souvent prodigieuse, de leur prolongement cylindraxile, qui quitte la région de la substance grise où siège la cellule, prend part à la formation des grands faisceaux nerveux, et se termine librement à la périphérie ou dans un centre de pre-premier, de second ou de troisième ordre. Très nombreux, ils rentrent tous dans le *type de* DEITERS, ou type I de GOLGI, leur prolongement conservant son individualité propre. Leurs variétés sont nombreuses et leurs fonctions ne sont pas purement motrices, comme le voulait GOLGI. On peut les diviser de la manière suivante :

— 29 —

1° *Neurones des ganglions spinaux* avec prolongement en T de Ranvier. La cellule, nue et privée de dendrites, est située dans le ganglion spinal; elle fournit un prolongement nerveux qui se bifurque dans le ganglion même et dont un rameau centripète concourt à former la racine postérieure, comme nous l'avons vu plus haut, un autre, centrifuge, qui constitue la fibre de sensibilité générale. Bipolaires et oppositipolaires à l'origine, ils restent tels chez les Poissons. Le tronc commun qui se bifurque en T résulte de l'accolement des deux branches.

2° *Neurones olfactifs périphériques.* — Ils sont d'apparence bipolaire avec une expansion protoplasmique périphérique, parfois munie d'un toupet sensitif, et un prolongement interne plus ténu. D'autres neurones de sensibilité spéciale, gustatifs, visuels et auditifs peuvent être rattachés à ce type.

3° *Neurones des lobes optiques et olfactifs.* — Situés dans la couche externe à côté des neurones courts déjà décrits, mais dont les dendrites ou le prolongement cylindraxile dépassent les limites des lobes.

4° *Neurones des racines antérieures.* — Ils tirent leur origine des grandes cellules des cornes antérieures et leur prolongement cylindraxile passe dans la racine motrice du même côté et va se ramifier dans les muscles.

5° *Neurones à fonctions centrifuges des racines postérieures.* — Ces neurones, découverts par Cajal, sont peu nombreux. Ils naissent d'une cellule spéciale qui peut siéger dans les cornes antérieures ou dans une autre partie de la substance grise ; leur prolongement va se joindre aux racines postéricures du même côté, sans entrer en connexion avec les cellules du ganglion. Ils se terminent on ne sait où et constituent, dans le faisceau des racines postérieures, les *fibres* dites *traversières* (centrifuges).

6° *Neurones des cordons spinaux.* — Ils partent d'une cellule quelconque des cornes et envoient leur prolongement nerveux en T dans les cordons de la moelle, où il donne une branche ascendante longue et une branche descendante courte.

7° *Neurones commissuraux.* — Plusieurs des groupes précédents peuvent rentrer dans cette catégorie très nombreuse, lorsqu'ils envoient dans les commissures leur prolongement cylindraxile ou des collatérales de celui-ci.

8° *Neurones encéphaliques sensitifs du premier et du second ordre.* — Les premiers ont leur place propre dans un organe des sens périphériques et envoient leur cylindre-axe à un ganglion de la base de l'encéphale ; les seconds ont leur cellule dans un ganglion encéphalique et le prolongement cylindraxile se dirige vers l'écorce.

9° *Neurones corticaux moteurs.* — Ils ont leur origine dans les *grandes cellules pyramidales* de la zone motrice de la base desquelles part leur prolongement nerveux pour pénétrer dans le faisceau direct de projection motrice ; le panache dendritique se développe du sommet vers l'écorce. Le cerveau renferme encore d'autres types de neurones trop peu étudiés pour se prêter à une description détaillée.

10° *Neurones cérébelleux de* Purkinje. — Semblables aux précédents, ils offrent un riche panache dendritique, particulièrement remarquable ; ces dendrites pénètrent dans la couche moléculaire du cervelet, tandis que le prolongement cylindraxile entre dans la couche granuleuse en émettant des rameaux collatéraux qui retournent vers la couche moléculaire.

11° *Neurones cérébelleux de la couche granuleuse.* — Il en existe deux variétés : *a*) des *neurones avec cellules petites ou granules,* encore appelées *cellules naines* (Cajal). Leur cylindre-axe, très ténu, se dirige vers la couche moléculaire et se bifurque en deux branches terminales qui courent le long des lamelles et forment des faisceaux connus sous le nom de *fibres parallèles de* Cajal. Ce sont des faisceaux qui, sur des coupes sagittales apparaissent, en section transversale, comme un amas de points noirs. *b*) Des *neurones avec grandes cellules* (Golgi, Kölliker, Cajal), dont les dendrites pénètrent dans la couche moléculaire et s'y terminent librement, tandis que le prolongement cylindraxile s'enfonce dans la couche granuleuse en y formant un plexus inextricable (Van Gehuchten), vraiment merveilleux et dont l'aire embrasse une immense étendue.

Il existe probablement encore d'autres types de neurones, en particulier dans les formations épithéliales qui constituent les appareils terminaux des sens, dans l'organe de Corti, dans la rétine, etc. Cette question appelle de nouvelles recherches.

L'exposé précédent nous fait voir que ce n'est pas la forme anatomique du neurone qui commande sa fonction, que celle-ci dépend plutôt de sa position et de ses rapports anatomiques, et qu'outre les neurones franchement sensitifs ou moteurs, il est des neurones mixtes, ou plutôt des *neurones d'association* qui mettent les précédents en rapport. Du reste, par les collatérales qui entrent dans les commissures, les neurones sensitifs et moteurs peuvent eux-mêmes devenir secondairement des neurones d'association. Nous réserverons la discussion de ces questions pour la partie physiologique.

BIBLIOGRAPHIE

Baker. — Recent discoveries in the nervous system. *New-York med. Journ.*, 1893, p. 657.

Bechterew (W. V.). — Die Lehre von den Neuronen und die Entladungstheorie. *Neurolog. Centralbl.*, 15 janvier et 1er février 1896.

Berdez. — *La cellule nerveuse.* Thèse d'habilitation. Lausanne, 1893.

Bergonzini. — Le scoperte recenti sulla istologia dei centri nervosi. *La Rassegna di sci. med.*, 1893, t. VIII, p. 273.

Ramon y Cajal. — *Les nouvelles idées sur la structure du système nerveux.* Trad. par AZOULAY, avec une préface par MATHIAS-DUVAL. Paris, 1894, in-8° et un très grand nombre d'articles dans les recueils périodiques.

Dagonet. — Les nouvelles recherches sur les éléments nerveux. *Médecine scientifique*, 1893, p. 11.

Deiters. — *Untersuchungen über Gehirn und Rückenmark des Menschen und der Säugethiere.* Brunswick, 1865, in-8°.

Dogiel (A.-L.). — Die Structur der Nervenzellen der Retina. *Arch. f. mikr. Anat.*, 1895, XLVI, III, p. 394.

Dogiel. — Zur Frage über den feineren Bau des sympathischen Nervensystem bei den Säugethieren. *Archiv. f. mikr. Anat.*, 1895, Bd. XLVI, p. 305.

Edinger. — *Zwölf Vorlesungen über den Bau der nervösen Centralorgane,* 4e édit. Leipzig, 1893, in-8°.

Ehrlich. — Ueber die Methylenblaureaktion der lebenden Nervensubstanz. *D. med. Wochenschr.*, 1886, n° 4.

Flemming (Walther). — Ueber den Bau der Spinalganglien bei Säugethieren. *Archiv. f. mikr. Anat.*, 1895, XLVI, III, p. 879.

Van Gehuchten. — *Le système nerveux de l'homme.* Lierre, 1893, in-8°.

Gerlach. — *Stricker's Handb. der Gewebelehre,* Bd. II, 1871, p. 681.

Gilis (A.). — *Structure de la moelle épinière.* Leçons faites à la Faculté de médecine de Montpellier. Paris, 1895, in-8°.

Golgi. — Studio istologico sul midollo spinale. *Archivio ital. per le malattie nerv.*, XVIII, fasc. 1, 1881.

— Recherches sur l'histologie des centres nerveux. *Archives ital. de biol.*, t. III, et IV, 1883.

— La rete nervosa diffusa degli organi centrali del sistema nervoso. Suo significato fisiologico. *Rendic. dell' R. Istit. Lomb.*, série 2, vol. 24, fasc. 8 et 9. Milan, 1891.

— Le réseau nerveux diffus des centres du système nerveux. *Archiv. ital. de biol.*, 1891, t. XV, p. 434.

Golgi. — *Sulla fina anatomia degli organi centrali del sistema nervoso.* Milan, 1886.

— *Untersuchungen über den feineren Bau des centralen und peripherischen Nervensystems.* Iéna, 1894.

Held (H.). — Beiträge zur Structur der Nervenzellen und ihrer Fortsärtze. *Archiv. f. Anat. u. Phys.*, anat. Abth., Heft 4-6, p. 396, 1895.

His (W.). — Histogenese und Zusammenhang der Nervenelemente. *Archiv. f. Anat. u. Physiolog.*, anat. Abth., 1891, suppl. Bd.

— Ueber den Aufbau unseres Nervensystems. *Berliner klin. Wochenschr.*, 1893, n° 40.

Jelgersma. — Der anatomie der gangliën-cel. *Weekbl. van het Nederl. Tijdschr. v. Geneesk.*, 21 décembre 1895, p. 1159.

Kölliker. — Neurologische Bemerkungen. *Zeitschrift wiss. Zool.*, Bd. 1, 1849.
— Zur feineren Anatomie des centralen Nervensystems. *Zeitschr. f. wiss. Zool.*, Bd. XLIX, p. 668, 1890, et Bd. LI, p. 1, 1890.
— *Handbuch der Geweblehre des menschen,* 6e édit., t. II, Leipzig, 1893.
— Der feinere Bau und die Funktionen des sympathischen Nervensystems. *Würzb. Sitzungsber.*, 9 juin 1894.

Kupffer. — Die Neuren -Lehre..... *Münch. med. Wochenschr.*, 1894, p. 241.

Lenhossek. — *Der feinere Bau des Nervensystems.* 2e édit. Berlin, 1895, in-8°, avec bibliographie.

Masius (J.). — Recherches histologiques sur le système nerveux central. *Archir. de biol. de van Beneden*, t. XII, p. 151, 1892.

Nicolas. — Histologie générale du système nerveux. In POIRIER, *Traité d'anatomie humaine*, t. III, fasc. 1, Paris, 1894, in-8°.

Nissl (Fr.). — Mittheilungen zur Anatomie der Nervenzelle. *Allg. Zeitschr. f. Psychiatrie*, Bd. L, 1894.
— Der gegenwärtige Stand der Nervenzellen-Anatomie und Pathologie. *Centralbl. f. Nervenheilk.*, janv. 1895.

Pflücke (Max). — Zur Kenntniss des feineren Baues der Nervenzellen bei Wirbellosen. *Zeitschr. f. wiss. Zool.*, 1895, LX, III, p. 500.

Pilliet (A). — La fibre musculaire et la fibre nerveuse. *Tribune médicale,* 9 juillet 1891, p. 436.

Purkinje. — *Bericht über die Naturforscherversammlung in Prag.*, 1837. Prag., 1838.

Ranvier. — *Traité technique d'histologie.* Paris, 1889, in-8°.
— *Leçons sur l'histologie du système nerveux.* Paris, 1878, 2 vol. in-8°.

Remak. — Ueber den Bau der grauen Säule im Rückenmark der Säugethiere. *Deutsche Klinik,* 7 juillet 1855, n° 27, p. 295.
— *Observationes anatomicæ et microscopicæ de systematis nervosi structura.* Diss. Berlin, 1838.

Renaut. — Contribution à l'étude de la constitution de l'articulation et de la conjugaison des neurones. *Presse médicale*, n° supplémentaire, 7 août 1895, p. 297.

Schaefer. — The nerve-cell considered as the basis of neurology. *Brain,* 1893, p. 134.

Tanzi. — I fatti e le induzioni nell' odierna istologia del sistema nervoso. *Rivista sperimentale di freniatria e di medicina legale.* Vol. XIV, fasc. 2-3, p. 419, 1895.

Valentin. — Ueber den Verlauf und die Enden der Nerven. *Nova acta acad. curios.* Vol. XVII. Bonn, 1836.

Vignal. — *Développement des éléments du système nerveux cérébro-spinal.* Paris, 1889, in-8°.

Waldeyer. — Ueber einige neuere Forschumgen im Gebiete der Anatomie des Centralnervensystems. *Deutsche med. Wochenschr.*, 1891, n°s 44 à 50, avec une bibliographie très complète jusqu'à cette date.

Zander. — Mittheil. aus der Anatomie des Nervensystems. *Verein für wiss, Heilk. in Königsberg i. Pr.*, 7 janvier 1896. Supplément à *D. med. Woch.*, 19 déc. 1895, p. 207.

P.

CHAPITRE II

**Données expérimentales sur l'activité des éléments
nerveux.**

**1⁰ Combustions et production de chaleur : produits de désassimi-
lation. Électricité : pile physiologique, etc.**

Les connexions des neurones une fois connues, avant
d'étudier le mécanisme de leur fonctionnement, dans l'activité
cérébrale consciente et inconsciente, voyons quelles sont les
modifications physiques et chimiques qui sont corrélatives à
ce fonctionnement.

Tout d'abord, et en tant qu'organe vivant, le cerveau par-
ticipe aux phénomènes d'assimilation et de désassimilation
qui constituent la vie, phénomènes qui sont eux-mêmes cons-
titués par des transformations de l'énergie. Les aliments intro-
duits dans l'organisme se libèrent, par une réaction *exothermi-
que*, de l'énergie accumulée qu'ils renferment; cette énergie,
grâce aux synthèses chimiques qui s'opèrent dans l'intimité des
tissus, s'emmagasine de nouveau par réaction *endothermique*.
C'est dans ces mutations des aliments qu'il faut rechercher la
source de l'énergie vitale, et c'est dans ce sens que nous devons
comprendre cette phrase de BERTHELOT : « L'entretien de la
vie ne consomme aucune énergie qui lui soit propre. »

Mais tout organe est adapté à une fonction : le muscle se contracte, le cerveau pense. Or, le travail cérébral, de même que le travail musculaire, détermine une suractivité des éléments anatomiques correspondants, qui se traduit : chimiquement, par des oxydations et d'autres réactions dont on doit trouver les témoins dans les déchets éliminés ; et, physiquement, par du mouvement, des variations thermiques, des modifications de l'état électrique, etc., en un mot, par le passage alternatif de l'énergie potentielle à l'énergie cinétique, et réciproquement. Il ne paraît donc pas douteux à priori que les actes psychiques, qui sont l'expression la plus élevée du travail cérébral, soient susceptibles de détermination physico-chimiques. C'est ce que nous allons rapidement rappeler.

A. — Phénomènes chimiques

Les phases d'activité et de repos du cerveau déterminent des variations dans les échanges qui se traduisent, entre autres, par des modifications plus ou moins profondes de l'*urine*. Il est donc assez naturel que l'attention des physiologistes se soit portée de bonne heure sur ce point. Nous n'insisterons pas sur l'historique, d'autant plus que les résultats obtenus par les différents auteurs, très divers, sont souvent contradictoires, ce qui tient autant à la diversité des méthodes d'observation adoptées qu'à l'imperfection des procédés chimiques de dosage. Mentionnons seulement Byasson (1868) et Mairet (1885) dont les travaux n'ont conservé qu'une partie de leur valeur, pour arriver tout de suite à Thorion (1893) qui a élucidé plus d'un point obscur.

Thorion, d'accord avec Byasson, fait bien ressortir l'erreur dans laquelle on est tombé en croyant pouvoir aisément répartir l'acide phosphorique des urines entre les bases alcalines et les bases terreuses (chaux, magnésie); outre l'acide phosphorique patent, l'urine renferme de l'acide phosphorique latent, peut-être sous forme d'acide glycérophosphorique. Thorion a synthétisé dans une formule les résultats les plus nets de ses recherches : « Le travail intellectuel, dit-il, augmente le volume de l'urine, la magnésie et surtout la chaux; il diminue la densité et l'acide sulfurique; l'acide phosphorique total, qui ne présente pas de variation quantitative, subit probablement un changement qualitatif; sa répartition est sans doute modifiée entre les phosphates terreux qui s'élèvent et les phosphates alcalins qui s'abaissent. » Cette dernière conclusion n'est émise qu'avec prudence par Thorion. Mais ce qui est bien établi, et c'est un résultat inattendu dont la signification exacte nous échappe (Gley), c'est que, sous l'influence du travail intellectuel, la magnésie et surtout la chaux de l'urine augmentent.

Avons-nous le droit de voir dans ces faits la preuve d'un rapport entre la pensée et la désassimilation cérébrale ? L'état actuel de la science ne permet pas encore de formuler cette conclusion avec une entière certitude. On peut d'ailleurs objecter que les variations urinaires observées dépendent de la nutrition, de la désassimilation générales. Mais, d'après Mairet, le travail intellectuel ralentit précisément cette nutrition générale : ainsi il a trouvé que l'azote total est diminué. Mais le dosage de l'azote présente de sérieuses difficultés, et Thorion n'ose rien conclure de ses propres expériences. « Si, dit-il, nous avons constaté une très légère augmentation de l'azote, rentrant évidemment dans la limite des erreurs d'analyse, nous avons, inversement, vu l'urée subir une plus forte diminution, de sorte que notre conclusion moins réservée, devrait être en faveur d'une tendance à diminuer les principes azotés. Rapprochant de ce fait l'abaissement de la quantité de soufre total, nous serions en droit, semble-t-il, d'inférer à une désassimilation moins active des substances albuminoïdes », donc, à un ralentissement de la nutrition générale. Mais l'augmentation de la chaux est difficile à concilier avec la désassimilation générale. Il y a donc, selon toutes les probabilités, influence réelle du travail intellectuel sur la désassimilation spéciale du cerveau. Cela paraît d'autant plus vraisemblable que la pensée produit dans le cerveau, comme nous allons le voir, une suractivité de la circulation et une élévation thermique qui ne peuvent s'expliquer que par des oxydations intenses.

B. — Role de l'énergie physico-chimique

Les réactions chimiques qui se passent dans les éléments nerveux sont aussi obscures que complexes ; les relations qui lient les mutations organiques du cerveau à la pensée sont loin d'être entièrement élucidées ; l'expérimentation, dans cet ordre d'études, est hérissée de difficultés. Malgré tout, des résultats positifs ont été acquis, et c'est en nous appuyant sur eux que nous tenterons de prouver que l'acte psychique présente les caractères de tout autre phénomène physiologique et se trouve conditionné par le mouvement, par des variations thermiques, électriques, etc.

1° *Mouvement.* — Certaine philosophie n'admet pas la possibilité d'une assimilation entre la pensée et le mouvement. Mais ce n'est pas ici le lieu de raisonner en philosophe ; nous nous cantonnerons strictement sur le terrain biologique. Constatons donc que, où il y a pensée, il y a mouvement.

Un acte psychique comprend généralement deux phases bien distinctes : transmission d'une impression extérieure au centre sensitif, transmission de la réaction du centre moteur au muscle. L'acte psychique s'intercale entre ces deux mouvements; c'est dans ce passage du centre sensitif au centre moteur, où l'impression extérieure est sentie et comprise, que surgit la représentation de l'acte à accomplir et le désir ou la détermination de l'exécuter. Cet acte psychique est encore un mouvement : mouvement moléculaire qui relie celui du centre sensitif à celui du centre moteur. Comme le dit HERZEN, il n'y a pas place là pour une énergie *sans équivalence* essentiellement distincte des énergies à équivalence.

On objecte, il est vrai, qu'une des séries de mouvements peut manquer, et que, dans ce cas, comme dans la plupart d'ailleurs, il n'y a pas égalité entre l'action et la réaction, et que jamais il n'y a réversibilité. Mais rien n'empêche d'admettre que le mouvement moléculaire afférent, par exemple, puisse, après avoir été senti, être canalisé en des sens très différents et employé à des travaux divers et essentiellement complexes. Comment faire la sommation de tous les effets produits ? Comment, d'autre part, évaluer les réserves d'énergie potentielle que renferme actuellement le cerveau et qui peuvent, sous l'influence d'une excitation légère, extérieure ou intérieure, ou par un acte de volonté prévu ou non, se trouver libérées subitement et se transformer en mouvement ?

On a du reste cherché à mesurer les actes psychiques dans leur durée et leur quantité. Quant à la durée, des expériences ont été faites par WUNDT, WEBER, FECHNER, DONDERS, CH. RICHET, etc. Le principe de ces expériences consiste essentiellement à mesurer le temps qui s'écoule entre le moment de réception d'une impression sensitive et celui où le sujet indique par un mouvement qu'il l'a reçue, puis à faire varier seulement l'acte psychique tout en maintenant invariables

les autres conditions de l'expérience. Les chiffres obtenus par les divers observateurs, loin de concorder, oscillent généralement entre 0"2 et 0"3 ; mais le même acte psychique peut différer en qualité et en quantité chez le même individu ou selon les individus, et sous l'influence d'une foule de circonstances. Quoi qu'il en soit, il n'est pas douteux qu'il existe un temps, si court qu'il soit, correspondant à l'acte psychique ; ainsi le temps nécessaire pour produire l'acte de discernement le plus simple, la perception d'une variété de couleur, oscille entre 0"01 et 0"06 (SCHIFF).

Quant à mesurer des actes psychiques dans leur quantité, il est impossib'e de le faire directement, il faut, pour y arriver, employer des moyens détournés. Il n'est pas possible, par exemple, de déterminer une unité de sensation, mais on peut obtenir une unité d'intensité de l'excitation extérieure, comme dans le procédé de WEBER. Ce physiologiste a constaté que la sensation n'augmente pas proportionnellement à l'intensité de l'excitation extérieure, mais croît comme le logarithme de l'excitation ; que si, par exemple, l'excitation est 10, 100, 1000 fois plus intense, la sensation devient seulement 1, 2, 3 fois plus forte. C'est la loi psycho-physique de WEBER qui a été complétée par FECHNER ; elle peut se formuler de la manière suivante : *l'intensité d'une sensation est le logarithme de son excitation multiplié par une quantité constante que l'on détermine pour chaque sorte de sensation.*

$$S = K. \log. I.$$

Dans cette formule, S représente la sensation, I, l'intensité de l'excitation extérieure, K une constante qui est de un tiers pour les sensations tactiles, de température et auditives, de 6 centièmes pour les sensations musculaires, de 1 centième pour les sensations visuelles.

Cette loi ne se vérifie guère que pour les sensations auditives et, de toute manière, n'est applicable que dans d'étroites limites. Peu nous importe d'ailleurs ! Nous n'avions d'autre but que de prouver que les actes psychiques sont mesurables au même titre que les phénomènes physiologiques.

2° *Température*. — L'acte psychique est accompagné d'une élévation de température qui a été constatée par Schiff, Gley, etc., et mesurée, entre autres, par Mosso avec un thermomètre à mercure très sensible enregistrant les 2 millièmes de degré. Le physiologiste italien notait en même temps, et comparativement à la température du cerveau, celle du sang, du rectum, du vagin et des muscles. Il a pu constater ainsi que la température du cerveau s'élève sous l'influence de diverses excitations extérieures, qu'elle est plus élevée pendant la veille que pendant le sommeil ; cette élévation de température est l'expression de la suractivité des processus chimiques du cerveau ; du reste, en augmentant artificiellement, par le chlorhydrate de cocaïne ou la strychnine, l'intensité de ces processus chez un animal chloralisé, donc rendu absolument inconscient, on voit encore la température du cerveau s'élever, alors que la température des autres organes s'abaisse.

Les expériences de Mosso ont confirmé celles de Schiff qui avait déjà constaté que toute impression de douleur, toute action sur la vue ou sur l'ouïe, etc., en un mot tout phénomène psychique, élève la température du cerveau. C'est dire implicitement que l'afflux du sang, véhicule de l'oxygène nécessaire aux combustions et au fonctionnement du cerveau, doit augmenter. Qu'on prive le cerveau de son excitant naturel, l'oxygène, ses fonctions languissent, son excitabilité diminue ; si la privation se prolonge, il se produit de la somnolence et des phénomènes de paralysie. On pourrait s'en tenir à

cette démonstration et considérer comme suffisamment évident
que le travail intellectuel est lié à des faits physico-chimiques.

Cette conclusion a cependant été l'objet de vives discus-
sions. Nous n'entrerons pas dans le fond de la question ;
mais il y a intérêt à passer en revue les principaux arguments
présentés. Toute la discussion repose d'ailleurs sur le choix
à faire entre les deux formules suivantes : Ou bien *le phénomène physico-chimique est la cause du phénomène
psychique; ou bien les processus psychiques et physico-
chimiques coexistent parallèlement.* M. GAUTIER, qui est
partisan de la seconde formule, s'exprime ainsi : « Pour une
même quantité de matériaux de réserve brûlés dans l'organisme....., il apparaît toujours une même somme d'énergie
sous forme de chaleur ou de travail mécanique équivalent,
que l'animal sente et pense, ou qu'à ce point de vue il reste
inactif. » En d'autres termes, les actes psychiques n'ont
pas d'équivalent mécanique, ne dépensent pas d'énergie.

M. RICHET répond à cela qu'il est à la vérité impossible,
dans l'état actuel de la science, de chercher expérimentalement une preuve directe de cet ordre de faits, mais qu'on
peut obtenir des preuves indirectes qui sont loin d'être favo-
rables à la théorie de M. GAUTIER ; ces preuves indirectes
sont fournies par les travaux que nous avons analysés plus
haut. « De même, dit M. RICHET, que la contraction musculaire répond à une consommation d'oxygène, à une production d'acide carbonique et à un dégagement de chaleur, de
même la pensée intelligente *semble* correspondre à une certaine activité cérébrale et à une dépense de forces physico-
chimiques... » Il est vrai, ajoute-t-il, que le mécanisme intime
de l'action cérébrale n'est pas connu ; mais l'hypothèse de
« l'équivalence du travail intellectuel et d'une action chimique
paraît la plus vraisemblable ».

Si les phénomènes intérieurs ou psychiques, réplique M. Gautier, avaient un équivalent mécanique, ils devraient, lors de leur production, consommer de l'énergie cinétique ou potentielle, et, au lieu de l'élévation de température qu'on observe, produire un abaissement. « Le cerveau, dit-il, devrait se refroidir, ou son potentiel électrique baisser, ou bien la consommation de ses réserves produire une moindre température qu'à l'état normal. C'est le contraire qui arrive..... » D'ailleurs, les processus physico-chimiques qu'on envisage comme la source de l'activité psychique, ne correspondent qu'à la tension préalable du cerveau, qui est le pendant de la tension musculaire précédant la contraction, c'est-à-dire à la phase de réception et d'élaboration des « impressions d'origine extérieure qui serviront à faire naître la pensée ». Au contraire, « la sensation, la mémoire, l'intelligence n'étant que phénomènes de vision intérieure, ne peuvent avoir d'équivalent mécanique ». En réponse à cette objection, M. Richet fait remarquer que le muscle, en se contractant, consomme de l'énergie et, cependant, s'échauffe. Les affinités chimiques mises en jeu se répartissent entre le travail extérieur produit par le muscle et la chaleur dégagée ; le nombre des calories disparues par le travail est très minime comparativement à la chaleur dégagée, et le phénomène thermique masque presque entièrement celui d'absorption de chaleur. Il doit en être de même, mais en proportions infiniment plus considérables, pour le cerveau et le travail intellectuel, y compris les phénomènes de vision intérieure.

Herzen, à son tour, a fait remarquer que, le tissu cérébral n'entrant en activité que s'il est richement nourri et abondamment pourvu de matériaux de combustion, la chaleur produite couvre le refroidissement dû au travail spécial du cerveau. Enfin Tanzi affirme que, dans le travail intellectuel, il y a des phases de refroidissement du cerveau ; il a constaté des oscillations thermiques en tout semblables à celles que présente le muscle en activité. « Donc, dit TANZI, il y a équivalence et convertibilité réciproque entre l'énergie psychique et les autres formes de l'énergie, celle de la chaleur en particulier. » C'est peut-être aller un peu loin. Il nous suffira de considérer comme très probable l'équivalence entre les processus psychiques et les processus thermiques. Toute modeste qu'elle est, cette conclusion ne satisfera ni M. NAVILLE, qui est partisan du dualisme, ni M. GAUTIER pour qui la pensée n'est pas une forme de l'énergie, mais la perception des états intérieurs et de leurs relations ; ni HIRN, qui n'admet qu'un parallélisme entre le travail intellectuel et les actions chimiques qui s'accomplissent *nécessairement* dans le cerveau. Mais telle que nous l'avons énoncée, elle nous paraît plus conforme aux données actuelles de la science.

3° *Électricité.* — Les réactions chimiques et les transformations de l'énergie qui ont lieu dans le cerveau, comme dans le reste de l'organisme, engendrent certainement de l'électricité. M. SOLVAY assimile même l'animal à un moteur électrique. Nous ne pouvons nous dispenser d'exposer avec quelques détails les idées de ce physiologiste, mais en signalant tout de suite leur caractère hypothétique. Il fait jouer le principal rôle, dans la production de l'électricité, à l'oxydation intense. Les muscles et surtout les glandes constitueraient l'appareil électrogène correspondant au pôle négatif de la pile, tandis que les liquides oxydants ou hydratants joueraient le rôle d'éléments positifs ; les nerfs serviraient à fermer le circuit. En un mot, l'organisme serait une pile physiologique. Ce qui le prouverait d'ailleurs, c'est que les manifestations nerveuses sont toujours accompagnées de variations électriques. Solvay ne considère pas le système nerveux comme susceptible de produire de l'énergie ; il ne lui attribue qu'une fonction excitatrice, une fonction de répartition de l'énergie électrique. Les nerfs transportent cette énergie de son lieu d'origine à un centre, de celui-ci aux organes de dépense. Tout se passe, en un mot, comme si la totalité de l'énergie produite dans l'appareil électrogène circulait en réalité dans le réseau nerveux tout entier. Ces préliminaires étaient nécessaires pour bien faire comprendre l'ingénieuse explication des phénomènes psychiques donnée par M. Solvay. Il importe aussi, avant de l'exposer, de définir ce qu'il entend par *sélectrolyse* : c'est la propriété que possède toute cellule vivante de soutirer du milieu où elle est plongée, par son affinité propre, les matériaux qui conviennent à ses différentes parties. Toute la théorie est implicitement contenue dans l'énoncé suivant : « *Les excitations sensorielles déterminent des variations dans les dépôts sélectrolytiques.* » S'il est vrai, dit-il, que les organes des sens constituent le réglage qui proportionne le degré de l'oxydation vitale aux excitations provenant du milieu, et si, d'autre part, la genèse d'énergie provoque par la sélectrolyse une fixation d'éléments organiques dans les régions mêmes où s'opère la réaction, ne serai-je pas en droit de conclure que toute impression modifiant le courant nerveux se répercute jusqu'au muscle par l'intermédiaire des centres et détermine une variation d'oxydation et de dépôt, si petite qu'elle soit, qui est fonction de l'excitation ? Cette variation, positive ou négative, serait en quelque sorte la représentation matérielle de l'effet produit par l'impression extérieure ; toute impression retentirait en dernière analyse sur le muscle. » Cette impression intéressera en outre les connexions des éléments nerveux, les communications nerveuses par lesquelles l'énergie électrique a été répartie ; car, pour arriver au muscle, il faut passer par les centres.

Il y a là deux effets : un effet temporaire d'attraction (entre arborisations et dendrites, dirions-nous aujourd'hui) résultant des différences de potentiel voisines ; puis une modification organique permanente que, sous l'influence des idées de l'époque, M. Solvay traduirait par la formation d'anastomoses nouvelles, modification produite par la répétition des impressions. Dans cette manière de voir, on conçoit aisément que, pour son auteur, la structure du cerveau puisse être considérée comme n'étant pas préétablie, mais déterminée à la longue par des dépôts sélectrolytiques, soit chez les ascendants (hérédité), soit chez l'individu (éducation).

D'autre part, la répétition du même acte laissant des traces organiques, fixant en quelque sorte le mécanisme de cet acte, la mise en jeu de ce mécanisme ne nécessiterait plus l'intervention d'une cause extérieure. Il est dès lors facile d'expliquer le mécanisme de la pensée, de la mémoire et de l'association des idées, puis la conscience, etc. Nous n'insisterons pas sur ces déductions que nous aurons à discuter plus loin.

L'importance de la théorie de M. Solvay nous faisait un devoir de l'exposer ici. Malheureusement, si toutefois nous avons bien compris toute l'idée de cet auteur, elle repose entièrement sur cette hypothèse que le courant nerveux est de nature électrique, ou au moins distributeur d'électricité, ce qui n'est pas prouvé ; le contraire est même très probable. Et cependant l'animal est producteur d'électricité ! Car, dit M. Gilles, « nous trouvons réunies dans les différents organes du corps humain toutes les circonstances qui peuvent donner lieu à la production d'électricité : combustions, phénomènes thermiques, réactions chimiques, fermentations, variations brusques de rapports de surface, osmose, transformation de

chaleur en travail, en électricité, ou réciproquement, etc... ».
Il en résulte des effets électriques dont Keating-Hart et
Gilles ont cherché à déterminer la nature, dans le but de
constater si l'influx nerveux en est ou n'en est pas indépendant. Ils ont établi expérimentalement que ce ne sont pas des
effets d'accumulation ; ce ne peuvent être davantage des effets
d'influence et de condensation statiques.

Seraient-ce des courants dérivés, des courants d'induction,
etc...? Mais ils seraient bien faibles! Les partisans de la
théorie de l'assimilation du courant nerveux aux courants
électriques ont cependant produit un certain nombre de faits
qui méritent d'être examinés. Nous nous bornerons aux plus
importants. Tels sont : l'existence d'un courant électrique
normal (*courant de repos*) dans les nerfs ; mais il est toujours
centripète, qu'il s'agisse d'un nerf sensitif ou d'un nerf moteur ;
l'apparition dans l'écorce cérébrale de courants de sens
déterminé lorsqu'on irrite un nerf périphérique : mais c'est là
le *courant d'action*, bien connu depuis les expériences de
Schiff ; la vitesse de la variation électrique (28 m. par
seconde), qui est comparable à la vitesse de la vibration nerveuse : mais cette variation est précédée d'un temps perdu de
0,0006, dont on ne peut concevoir l'existence dans l'hypothèse
de l'assimilation ; les expériences de Tarchanoff qui met-
tait divers points de la peau en communication avec le
galvanomètre par l'intermédiaire d'électrodes *impolarisables*
(un mythe!) et obtenait des courants à l'occasion de la production d'actes psychiques, courants qui s'expliquent bien plus
simplement par les différences de l'humidité des points choisis
de la peau ; enfin, l'*électrotonus* de Dubois-Reymond : mais
ce phénomène n'est plus attribué aujourd'hui qu'à des acci-
dents d'expérimentation.

En revanche, les présomptions sont grandes en faveur de

l'indépendance de l'influx nerveux : 1° La vitesse du courant électrique est infinie par rapport à celle de l'influx nerveux. 2° La vitesse du courant électrique est constante dans les différentes parties d'un circuit donné ; la vitesse du courant nerveux varie avec la longueur du nerf, comme le prouve le phénomène dit de *l'avalanche* : contrairement à ce que présente le courant électrique, pour une même source, l'influx nerveux est d'autant plus fort que son parcours est plus étendu. 3° « La forte résistance des nerfs, comparée à celle des autres tissus, les empêche absolument d'être soumis à des courants systématiques : ceux-ci s'échapperaient par les muscles et les vaisseaux. Or, la résistance de cette dérivation, nous devrions dire du courant principal, variant à chaque instant, on devrait admettre, pour le courant nerveux dérivé, des variations proportionnelles ; ce résultat, suite de lois indiscutables, mène à l'absurde dans l'hypothèse combattue : une contraction musculaire, par exemple, devrait jeter le trouble dans le fonctionnement des nerfs voisins » (Gilles). 4° La transmission de l'influx nerveux exige l'intégrité du cylindre-axe, tandis que le courant électrique passe pourvu que les extrémités du conducteur soient contiguës. On peut se figurer l'influx nerveux comme formant des ondes de mouvements moléculaires ayant une certaine analogie avec les mouvements vibratoires des tiges solides (Béclard). Mais l'analogie ne peut se poursuivre bien loin, car dans une tige métallique qui vibre le mouvement ondulatoire s'affaiblit à mesure qu'il se transmet, tandis que dans un nerf sensible, par exemple, le mouvement fait en quelque sorte *boule de neige;* propriété qui a fait penser à quelques-uns que le nerf ne joue pas le rôle d'un simple conducteur, mais possède une activité et une sensibilité propres, quoique dérivées du neurone central dont le cylindre-axe est du reste le prolongement direct.

De ce que l'influx nerveux est distinct de l'électricité, il ne s'ensuit pas que la cause qui lui donne naissance se distingue de celle qui régit les autres phénomènes physico-chimiques ; les différences qu'on observe tiennent surtout à la nature de la substance dans laquelle la nervosité se développe (FAUVELLE) : *l'influx nerveux n'est qu'une forme de l'énergie.*

Nous avons donc eu raison de dire que *très probablement* l'acte psychique a son équivalent mécanique. Du reste la *loi de la conservation de l'énergie* l'exige ; cette loi gouverne tout l'Univers, tous les phénomènes naturels, et une exception en faveur des actes psychiques ne se comprendrait pas.

BIBLIOGRAPHIE

Beaunis (H.). — *Recherches expérimentales sur les conditions de l'activité cérébrale et sur la physiologie des nerfs.* Paris, 1884.

Fauvelle. — *La physico-chimie.* Paris, 1889, in-8°.

Forel. — Activité cérébrale et conscience. *Revue philosophique*, novembre 1895, p. 468.

Gautier (A.). — L'origine de l'énergie chez les êtres vivants. *Rev. scient.*, 11 décembre 1886, p. 737.

— La pensée. *Rev. scient.*, 1er janvier 1887, p. 14.

Gilles. — Peut-on assimiler l'influx nerveux à un phénomène électrique ? *Rev. internat. d'électroth.*, octobre-novembre 1895, p. 84.

Gley. — De l'influence du travail intellectuel sur la température générale. *Soc. de biol.*, 26 avril 1884, p. 265.

— Sur la question des variations des urines pendant le travail cérébral. *Archiv. de physiol.*, avril 1894, p. 493.

Herzen. — L'activité cérébrale. *Rev. scient.*, 22 janvier 1887, p. 103.

Hirn. — La thermodynamique des êtres vivants. *Rev. scient.*, mai-juin 1887.

Mairet. — De la nutrition du système nerveux. *Archiv. de neurol.*, 1885, t. X, p. 76.

Mosso. — Les phénomènes psychiques et la température du cerveau. *Archiv. ital. de biol.*, 1892, XVIII, p. 277.

Pouchet (G.). — Remarques anatomiques à l'occasion de la nature de la pensée. *Rev. scient.*, 5 février 1887, p. 169.

Richet (Ch.). — Le travail psychique et la force chimique. *Rev. scient.*, 18 décembre, p. 788.

— La pensée et le travail chimique. *Rev. scient.*, 15 janvier 1887, p. 83.

Solvay. — Rôle de l'électricité dans les phénomènes de la vie. *Rev. scient.* 13 décembre 1893, p. 769.

Stcherbak. — Contribution à l'étude de l'influence de l'activité cérébrale sur l'échange d'acide phosphorique et d'azote. *Arch. de méd. expérim.*, mai 1893, t. V, fasc. 3.

Thorion. — *Influence du travail intellectuel sur les variations de quelques éléments de l'urine*. Thèse de Nancy, 1893.

2° Étude sur les modifications morphologiques du corps cellulaire et de son noyau.

Dans le premier chapitre de ce travail, nous avons vu à quelles conclusions anatomiques sont arrivés les histologistes modernes, en ce qui concerne la compréhension de la cellule nerveuse. Cette cellule nerveuse est aujourd'hui considérée comme faisant partie d'une unité parfaitement différenciée et isolée, *le neurone*. Un corps cellulaire muni d'un nucléus, des prolongements protoplasmiques ou dendrites, un prolongement nerveux cylindraxile, constituent ce neurone. Les dendrites et les arborisations cylindraxiles se terminent librement. Leurs extrémités libres ne contractent aucune anastomose avec les éléments voisins. En un mot, le neurone est libre et constitue une véritable entité anatomique.

Comment se comporte donc cette individualité au point de vue fonctionnel ? Jusqu'à l'époque actuelle, les idées de DEITERS, de GERLACH, de GOLGI, permettaient de croire que la cellule nerveuse et ses dépendances, arborisations protoplasmiques et cylindre-axe, agissaient comme de véritables conducteurs continus. L'excitation périphérique, conduite à la cellule par le cylindre-axe, se transmettait aux cellules voisines et à tout un territoire nerveux par les dendrites, largement anastomosées de cellules à cellules. Cette conception s'accordait avec les idées régnantes en histologie : par les anastomoses directes des cellules on concevait facilement

le passage, la conduction de l'excitation d'un élément à un
autre ; mais ce réseau diffus, cette conduction diffuse étant
en désaccord avec les données de la physiologie, c'était la
négation des localisations médullaires et cérébrales. Aujour-
d'hui, avec l'indépendance des neurones, nous tomberions
dans l'excès opposé. On sait, grâce aux travaux récents, et
nous venons de dire que les dendrites d'une cellule nerveuse
ne communiquent en aucun point de leur trajet avec les dendrites des éléments voisins. La conduction devrait donc
s'arrêter dans la cellule ou tout au moins dans ses dendrites,
extrême prolongement de son protoplasma. Si un pareil fait
était constaté, toutes nos idées sur le fonctionnement du système nerveux seraient renversées, et en particulier, pour
prendre un exemple, comment concevoir la possibilité des
réflexes ?

Il est de toute nécessité que, par un mécanisme ou par un
autre, la conduction de l'influx nerveux ne se localise pas
dans le neurone. Elle doit forcément irradier autour de lui.

Essayons donc de surprendre les voies et moyens de cette
irradiation et, pour cela, faisons succéder à l'étude de la
cellule nerveuse, cadavre inerte, celle de la cellule nerveuse
vivante et en état de fonctionnement. Voyons d'abord ce qui
se passe dans le corps cellulaire du neurone.

Il est bien certain que les observations faites jusqu'à présent dans le but de constater les modifications morphologiques qui se passent au sein des éléments nerveux, aux
divers états de leur fonctionnement, ne sont pas très nombreuses ni très précises ; nous dirons cependant que les
résultats en ont été rarement contradictoires. De cette constatation même résulte l'idée de changements, pour ainsi dire,
incessants qui modifieraient constamment la forme de ces
organes élémentaires. Nous allons voir que cette idée n'est

pas purement hypothétique et qu'elle s'appuie sur des faits.

Wiedersheim, dont le professeur Mathias-Duval rapporte les expériences, observa en 1890 que la structure fine du ganglion œsophagien supérieur du Leptodera hyalina (petit Crustacé du groupe des Phyllopodes), est variable suivant les individus et, chez le même individu, suivant le moment où on l'observe. Wiedersheim choisit le Leptodera hyalina comme sujet d'expérience, parce que cette espèce se prête admirablement à l'examen, en raison de sa transparence ; mais pour observer le cerveau, il fut obligé de légèrement chloroformer l'animal. Grâce à cette précaution, le ganglion est immobilisé, pendant que la circulation continue à s'effectuer.

Le ganglion œsophagien supérieur du Leptodera hyalina est formé de deux masses séparées : une antérieure, plus petite, le ganglion optique; une postérieure, plus grande, le cerveau proprement dit.

Le ganglion optique se compose d'une couche fibrillaire, d'une zone granuleuse et d'un amas de fibrilles très fines, convergeant sur un point, puis pénétrant ensuite dans la partie encéphalique ou du moins dans une région que l'auteur appelle « pars mobilis » (1).

Les changements observés ne se remarquent que dans la « pars mobilis », constituée par une masse irrégulière de granulations, de cellules très réfringentes, qui composent le cerveau de l'animal ; c'est dans ces cellules qu'on observe des mouvements et déformations du protoplasma ; ces changements se produisent à des intervalles de 2, 3, 12 minutes et sont très appréciables. On peut voir les vacuoles se contracter, les granulations changer de disposition, et tout le processus ressemble à un « écoulement ».

(1) Voir planche I.

L'auteur croit aussi avoir remarqué des déformations dans d'autres granulations siégeant en dehors de la « pars mobilis », mais sans oser l'affirmer.

Il découle de ces observations de WIEDERSHEIM que chez certains Crustacés, on peut suivre au microscope des phénomènes de motilité qui se passent dans une région bien déterminée du ganglion sus-œsophagien. Cette zone, en rapport avec le ganglion optique et avec l'encéphale par le système de fibres le plus important, acquiert ainsi une prépondérance morphologique et physiologique capitale. « Il faut conclure de mes recherches, dit WIEDERSHEIM, que la substance nerveuse centrale n'est pas figée dans des formes immuables, mais qu'elle peut être le siège de mouvements actifs. »

G. MAGINI, de son côté, porta son attention sur le même ordre de faits, et prit pour sujet d'étude le lobe électrique de la Torpille.

Ses conclusions, fort intéressantes, peuvent être ainsi résumées :

1.° Les grandes cellules nerveuses motrices du lobe électrique de la Torpille adulte, vivisectionnée, présentent toutes, sans exception, leur noyau excentrique et orienté avec le prolongement nerveux respectif, c'est-à-dire tourné vers les nerfs électriques. Le nucléole est tellement déplacé de sa position centrale de repos, qu'il se trouve toujours en contact avec la surface interne de la membrane du noyau, laquelle, par ce fait, se trouve en partie soulevée.

2° Au contraire, dans les grandes cellules nerveuses motrices des Torpilles, vivisectionnées ou non vivisectionnées, mais très jeunes (7 centim.) et non encore pourvues de prismes mûrs pour les décharges électriques, on trouve constamment les nucléoles au centre du gros noyau sphérique.

Il semble donc qu'on puisse inférer de ces observations que le déplacement du nucléole des grosses cellules nerveuses motrices est fonctionnel, c'est-à-dire lié à l'activité excitatrice de ces cellules. Les Torpilles très jeunes, non mûres pour la décharge électrique, ne répondent pas à l'excitation dont le but serait d'envoyer l'onde excitatrice à des prismes qui n'existent pas. Chez elles, les connexions centrifuges, aussi bien que les centripètes, feraient également défaut.

D'autres observations nous sont fournies par G. Mann qui a suivi les modifications histologiques produites dans les cellules nerveuses sympathiques, motrices et sensorielles, par l'activité fonctionnelle (1).

(1) Mann a repris les expériences de Vas. — Voici son procédé : les ganglions cervicaux supérieurs de Cobaye et de Chat furent fixés par diverses mixtures à l'acide osmique, et préalablement par la suivante :

Solution saturée de sublimé dans trois quarts p. 100 de
chlorure de sodium............................... 100 c.c.
Acide picrique.................................... 1 gr.
Tannin... 1 —

ou simplement par une solution saturée de sublimé dans trois quarts p. 100 de chlorure de sodium. Comme colorants, il employa le bleu de toluidine, le bleu de sulfate de méthylène et l'éosine soluble dans l'eau, tous fournis par le Dr Grubler ; puis le rouge de Bordeaux, la safranine, le rouge du Congo, le violet de gentiane et le violet de méthyle ; le brun de Bismarck et la tropéoline ; — la mixture triacide d'Ehrlich et la liqueur d'Ehrlich-Biondi ; — la ferro-hématoxyline acide d'Ehrlich, et l'hématoxyline de Delafield.

Avec le bleu de méthyle, il procédait ainsi qu'il suit : les ganglions étaient fixés par le sublimé, puis dans la paraffine ; puis on en faisait des coupes n'ayant pas plus de 2 et demi μ. Ces coupes, fixées à leur tour dans la monture, étaient placées, après l'enlèvement de la paraffine, dans la solution colorante dont voici la composition :

Bleu de méthyle, à 1 p. 100 (Grubler), soluble dans l'eau
et presque insoluble dans l'alcool absolu............... 35 c.c.
Éosine, à 1 p. 100, soluble dans l'eau (Grubler)....... 45 —
Eau distillée...................................... 100 —

a) Laisser séjourner pendant vingt-quatre heures.
b) Enlever par l'eau le colorant en excès.

Pendant le repos, nous apprend G. Mann, différents matériaux chromatiques sont accumulés dans la cellule nerveuse ; ces matériaux sont consommés pendant l'accomplissement de la fonction.

L'activité fonctionnelle s'accompagne d'une augmentation de volume des cellules, des noyaux et des nucléoles dans les cellules ganglionnaires, sympathiques, motrices et sensorielles.

La fatigue nerveuse s'accompagne d'un ratatinement du noyau et probablement aussi de la cellule, ainsi que de la formation d'une matière chromatique diffuse dans le nucléus.

On connaissait jusqu'ici les modifications du courant électrique propre de la rétine, les altérations des substances photochimiques des bâtonnets (pourpre visuel) et de la couche pigmentaire, la locomotion du pigment rétinien dans la couche des cônes et des bâtonnets, enfin les mouvements des membres internes des cônes et des bâtonnets. Mann a ajouté

c) Déshydrater par l'alcool absolu.

d) Placer la préparation montée dans un vase de verre renfermant : alcool absolu 30 c.c., solution de soude à 1 p. 100, dans l'alcool absolu, 4 gouttes.

e) Laisser dans cette mixture jusqu'à ce que la coupe de bleu foncé soit devenue rougeâtre, 1 à 5 minutes.

f) Enlever soigneusement toute trace de soude caustique par un lavage à l'alcool absolu.

g) Placer les coupes dans un vase où tombe un filet d'eau ; il se produira des nuages rouge bleuâtre. Quand il ne se produira plus de nuages :

h) Porter la préparation dans un vase renfermant de l'eau aiguisée avec deux ou trois gouttes d'acide acétique. On l'y laisse pendant trois minutes pour neutraliser les dernières traces de soude, pour fixer l'éosine et pour foncer la coloration bleu de méthyle.

i) Déshydrater à l'alcool absolu et monter dans le baume de térébenthine. S'il reste des coupes trop bleues, il faudra recommencer les opérations. Dans des coupes bien teintes, les globules rouges du sang doivent être rouges, et tout le reste bleu, à l'exception des nucléoles qui sont rouges ou virent au pourpre.

C'est là la meilleure méthode que Mann connaisse pour colorer la chromatine nucléaire des cellules nerveuses.

L'épaisseur des coupes a été d'un demi à huit μ, et elles ont été fixées dans la monture au moyen de la méthode par l'albumine.

à ces notions la connaissance des altérations subies par les cellules ganglionnaires de la rétine, des corps genouillés externes, des corpuscules quadrijumeaux et de la zone visuelle des lobes occipitaux sous l'influence de l'excitation lumineuse de l'œil.

Les expériences faites par Hodge, relativement à cette question, et que nous allons résumer, ont porté sur l'Homme et sur l'Abeille. L'auteur donne pour titre à son mémoire : « la cellule nerveuse au moment de la naissance et au moment de la mort déterminée par faiblesse sénile ».

Les observations les plus concluantes ont été faites d'après les préparations suivantes :

1° Premiers ganglions cervicaux d'un enfant du sexe masculin mort en naissant (préparation à l'acide osmique).

2° Mêmes ganglions d'un vieillard mort à 92 ans d'affaiblissement sénile (préparation à l'acide osmique).

3° Ganglions cérébraux de 21 jeunes Abeilles à leur sortie du gâteau de miel : préparations et coupes faites en même temps sur ces ganglions et sur ceux de 21 Abeilles âgées, choisies avec soin.

Hodge n'a pas rencontré de modifications essentielles du cerveau sénile : la plupart des cellules offrent leur volume normal et leurs noyaux sont nets et arrondis. Dans le cervelet, les cellules de Purkinje paraissent racornies et moins nombreuses (25 p. 100) que celles du cerveau d'un Homme de 47 ans, mort accidentellement. Du reste, d'autres cerveaux ont été examinés comparativement.

Les modifications les plus remarquables se trouvent dans les cellules des ganglions spinaux. Le fait le plus intéressant, c'est que les granulations nucléaires des cellules du vieillard ne peuvent être colorées par l'acide osmique. Les noyaux présentent également des altérations déterminées : ils sont ratatinés et leurs contours sont irréguliers. Dans la cellule fatiguée, le noyau se rétracte et se colore plus intensivement. Chez le fœtus, les granulations nucléaires des mêmes cellules sont volumineuses et fortement colorées, et les noyaux sont, sans exception, volumineux, arrondis et nets. Dans les cellules ganglionnaires du vieillard, le protoplasma est fortement pigmenté, tandis que les cellules du fœtus ne renferment presque pas de granulations pigmentaires.

Avec les Abeilles les résultats sont plus nets. Les ganglions cérébraux des jeunes et des vieilles Abeilles furent traités par de l'alcool à 1 p. 100 d'acide osmique, cela pendant que les Insectes étaient encore vivants. Ils ne furent enlevés qu'au moment d'être placés sur le porte-objet du microscope. Les préparations furent faites par paires, une de jeune Abeille, une de vieille, à l'aide du microtome de Zimmermann-Minot. Au moment même de l'ablation des ganglions, ceux des vieilles Abeilles paraissaient à première vue petits et comme rétractés.

Les coupes, ayant porté sur 21 jeunes cerveaux, paraissaient si semblables à l'examen microscopique, qu'on eût pu les croire prises sur un seul et même cerveau. Les noyaux étaient grands et nets. On les voyait çà et là si volumineux et si amassés qu'ils perdaient leur forme arrondie. Le protoplasma était rempli de granulations nombreuses et uniformément disposées, tandis que dans les vieux cerveaux on ne pouvait plus reconnaître que des lambeaux et des granulations isolées dans de grandes vacuoles. Les noyaux étaient rétractés au point qu'il n'était plus possible de les reconnaître. De même que pour les cellules ganglionnaires du vieillard, les

noyaux étaient ici diminués de volume, mais non obscurcis ;
ils étaient aussi plus granuleux, comme cela arrive dans les
cellules fatiguées. Dans aucun cas, ces caractères particuliers
aux vieux ganglions ne firent défaut.

On peut encore constater chez les jeunes Abeilles que les
cellules nerveuses sont bien plus nombreuses que chez les
vieilles. Des essais de numération ayant porté sur 22 groupes
cellulaires aussi semblables que possible, ont donné une
moyenne de une cellule chez les vieilles Abeilles, pour 2,9
cellules chez les jeunes.

Il est probable que le nombre des cellules nerveuses des
Abeilles offre son maximum à la naissance et qu'il diminue
ensuite graduellement par l'usure et la nécrose, sous l'influence du travail journalier, jusqu'au moment où le nombre
devient insuffisant pour remplir les fonctions nécessaires à la
vie. Comme les noyaux sont l'origine du rajeunissement du
protoplasma cellulaire, on peut supposer que l'âge équivaut à
une extrême fatigue. Aux dernières étapes, la source de toute
force vitale disparaît avec la cellule.

Telle est l'explication physiologique que l'on peut donner
de *la mort*, en ce qui concerne le rôle du système nerveux.

Toutes ces observations isolées ne sont pas encore assez
nombreuses pour autoriser des conclusions fermes. Elles
semblent d'ailleurs avoir été faites sans but bien précis et
sans programme arrêté.

E. Lugaro, de Florence, à l'encontre de ses prédécesseurs,
a essayé de vérifier les conclusions rationnelles que lui
faisaient pressentir ses idées théoriques. Partant de ce principe que, entre l'état d'activité d'un élément en conditions
normales et celui d'un élément fatigué, il doit y avoir une
différence considérable, ce savant reprit, en les variant, des

expériences faites par Vas sur le ganglion cervical supérieur du sympathique.

Vas expérimenta sur des Lapins en excitant le sympathique, à 3 cent. au-dessous du ganglion cervical supérieur, avec un courant faradique faible pendant une durée de 15 minutes. Après avoir disséqué le ganglion excité et celui du côté opposé, il observa les faits suivants :

1° Le noyau des cellules excitées était plus gros ; il avait abandonné sa place dans l'intérieur de la cellule et s'était porté vers la périphérie. Dans quelques cellules, cette tendance était si prononcée que le contour de la cellule poussé par le noyau, faisait une légère saillie.

2° Le corps cellulaire apparaissait grossi d'environ un tiers. La substance chromatique du protoplasma cellulaire était un peu plus abondante, mais modifiée dans sa distribution : c'est-à-dire qu'on observait une pauvreté notable ou même une absence absolue de celle-ci au voisinage du noyau ; il y avait, au contraire, un amas de granules chromatiques à la périphérie, de sorte qu'il en résultait un gros anneau à gros granules.

Il ne semble pas à Lugaro que de cette expérience de Vas on puisse déduire quelle est l'expression anatomique de l'état d'activité comparativement à celle de l'état de repos ; elle permet seulement de remarquer les différences entre des cellules prises en état d'activité normale, surexcitées pendant un court espace de temps, et d'autres qui ont subi une excitation normale, prolongée pendant un quart d'heure.

Lugaro essaya de réaliser la condition au repos normal en tuant rapidement l'animal par le chloroforme et en n'enlevant le ganglion que plusieurs heures après. Il évite ainsi l'état non voulu d'activité, l'excitation mécanique de l'excision et l'excitation chimique produite par l'alcool sur la cellule encore robuste. Pour constater l'état d'activité, Lugaro enleva rapidement un ganglion à l'aide de la vivisection.

D'autres expériences furent consacrées à la comparaison entre des ganglions pris à l'état normal et des ganglions soumis à l'action indirecte d'un courant faradique faible.

Les observations fort bien conduites du savant italien l'amenèrent aux conclusions suivantes :

1° L'activité de la cellule nerveuse est accompagnée d'un état de turgescence dans le protoplasma du corps cellulaire.

2° La fatigue produit une diminution progressive dans la grosseur du corps cellulaire.

3° Dans les degrés modérés d'activité, tandis que le protoplasma du corps cellulaire devient turgescent, le noyau ne subit pas de modifications de volume.

4° Quand l'activité est continue et se prolonge pendant quelque temps, le noyau subit des modifications analogues à celles du corps cellulaire, mais moins intenses et plus tardives.

5° La quantité de la substance chromatique dans le corps cellulaire varie surtout comme caractère individuel par rapport à la grosseur. Cependant il est probable que les premières phases de l'activité déterminent une légère augmentation de la substance chromatique, les phases ultérieures, accompagnées de fatigue, une diminution et une distribution plus diffuse.

6° L'activité de la cellule détermine, dans les nucléoles, une augmentation de volume qui cède lentement à l'action réductive de la fatigue.

Restait encore à se rendre compte de l'action de certains facteurs sur le fonctionnement cellulaire. M. J. Demoor, de Bruxelles, s'est livré dans ce but à une série d'expériences sur la *Tradescantia virginica* (Monocotylédonée de la famille des Commélinacées).

Il a notamment constaté que les mouvements du protoplasma ne se manifestent pas dans les cellules soumises à l'action de l'hydrogène, et que l'activité de ce même protoplasma s'éteint rapidement dans les cellules influencées par l'anhydride carbonique.

Il résulte encore de ses recherches que l'activité protoplasmique disparaît dans le vide. Le minimum de pression atmosphérique, compatible avec la vie du protoplasma, varie d'une cellule à l'autre et oscille autour d'une pression correspondant à 8 cent. de mercure.

L'oxygène exagère l'activité protoplasmique. Le choroforme éteint l'activité du protoplasma après l'avoir exagérée pendant un temps relativement court.

L'ammoniaque est un excitant énergique du protoplasma. Il produit à la longue l'anesthésie de la substance vivante.

Le froid intense arrête rapidement les mouvements. La chaleur ramène la vie, etc., etc.

Tels sont les faits, peu nombreux, réunis jusqu'à ce jour par les observateurs. Si peu nombreux qu'ils soient, ils ont cependant une valeur réelle et la concordance des résultats fait espérer pour l'avenir de précieuses conclusions. On peut, dès à présent, en dégager certaines règles.

Le neurone doit être considéré comme une individualité non seulement anatomique, mais physiologique.

Il se passe dans le corps cellulaire du neurone un certain nombre d'échanges que nous connaissons encore mal, mais qui sont certains.

Le contenu cellulaire varie de composition sous l'influence de causes très différentes, insuffisamment déterminées à l'heure actuelle. L'état de repos ou d'activité du neurone semble toutefois jouer un rôle prépondérant au point de vue de ces échanges. C'est ainsi que l'état d'activité ou de repos fait varier le pouvoir chromophile ou chromophobe des cellules. Les auteurs sont en désaccord sur la question de savoir si l'activité augmente la colorabilité (Nissl et Vas) ou si c'est au contraire le repos (Hodge et Mann).

Le neurone est encore le siège de mouvements intimes fort appréciables : cela est hors de doute. Le fait découle des recherches de Wiedersheim, de Magini, de Hodge, de G. Mann, de Vas, de Lugaro, etc., exposées plus haut.

Les auteurs ci-dessus désignés ont constaté des variations dans le volume du corps cellulaire, dans celui du noyau et du nucléole, dans l'orientation du noyau, dans la distribution des granulations. Ces mouvements sont lents : Wiedersheim a assisté, en les observant, au spectacle d'un « écoulement lent ». Cette constatation n'évoque-t-elle pas aussitôt à l'esprit le processus des mouvements amœboïdes. C'est évidemment la pensée qui inspira à Rabl-Ruckardt l'hypothèse des mouvements amœboïdes des cellules nerveuses. Ces mouvements du protoplasma cellulaire doivent évidemment se faire sentir jusque dans ses ultimes prolongements neurodendriques.

Les mouvements cellulaires d'ailleurs ne s'exécutent pas d'une manière continue et constante. Certaines influences les activent, d'autres les interrompent. La lecture des observations énumérées dans ce chapitre nous amène à conclure que la turgescence cellulaire et nucléaire est en relation directe avec l'activité fonctionnelle. Le repos laisse au contraire le corps cellulaire et nucléaire dans des proportions normales. La fatigue amène le ratatinement du protoplasma et à la longue sa disparition.

L'existence de mouvements dans le corps cellulaire du neurone est donc un fait d'observation; l'existence de mouvements analogues dans ses prolongements n'est guère, jusqu'à présent, qu'une hypothèse. C'est à l'étude de sa vraisemblance, de ses applications, que nous allons passer; c'est surtout pour nous préparer à cette étude que nous avons résumé les travaux sus-indiqués.

BIBLIOGRAPHIE

Demoor (J.). — Contribution à la physiologie cellulaire. *Archives de biologie belges*, t. XIII, fasc. 2.

Hodge. — Changes in ganglion-cells from birth to senile death. Observations on Man and Honey-bee. *Journal of physiol.*, 1894-1895, vol. XVII, p. 129.

— A microscopical study of changes due to fonctionnal activity in nerve-cells *Journ. of physiol.*, vol. VII, p. 95, 1892.

Lambert. — Sur les modifications produites par l'excitation électrique dans les cellules nerveuses. *Société de biologie*, 4 novembre 1893.

Lugaro (A.). — Sur les modifications des cellules nerveuses dans les divers états fonctionnels. *Archiv. ital. de biol.*, t. XXIV, f. 2, 1895, p. 258.

Magini (A.-G.). — Orientation des nucléoles dans le lobe électrique de la torpille à l'état de repos et à l'état d'excitation. *Archiv. ital. de biol.*, 11 décembre 1894, f. 2, p. 212.

Mann (G.) — Histological changes induced in sympathetic, motor and sensory nerve-cells by functionnal activity. *Journal of anat. a. physiol.*, XXIX, octobre 1894.

Vas (B.-F.). — Studien über den Bau des Chromatins in den sympathischen Ganglien. *Archiv. f. mikr. Anat.*, vol. XL, 1892.

Wiedersheim (B.-R.). — Bewegungserscheinungen im Gehirn von Leptodera hyalina. *Anat Anz.*, 1890, t. V, p. 673.

CHAPITRE III

Hypothèses inspirées par les notions histologiques nouvelles.

———

Centre du réflexe : cellule ou articulation des panaches ? Modifications possibles des articulations. Hypothèse de MATHIAS-DUVAL et
autres; revue des critiques qui lui ont été faites. Théorie de RAMON
Y CAJAL.

———

Les constatations précédemment rapportées devaient fata-
lement devenir le point de départ d'hypothèses destinées à
donner l'explication des phénomènes anatomiques constatés
par les histologistes, tout en les conciliant avec le fonctionnement physiologique des éléments nerveux. C'est ainsi que
sont nées les théories dont nous allons essayer de donner un
aperçu.

Avec la notion du neurone a été détruite la conception que
l'on était jusqu'ici habitué à se faire de l'unité, de la continuité du système nerveux. Au mot *continuité*, il a fallu substituer l'expression *contiguïté*, et on conçoit qu'il est nécessaire
de trouver une physiologie nouvelle qui explique suffisamment
le fonctionnement d'éléments nerveux ayant une individualité
propre, séparés, *contigus* et non *continus*, pouvant être con-

sidérés comme ayant une indépendance réelle vis-à-vis les uns des autres et constituant une multitude de centres nerveux bien définis.

Nous prenons ici, bien entendu, le mot *centre*, sous son acception histologique : *le centre, c'est la cellule nerveuse, et le nerf est la fibre nerveuse qui en part*. On aura de la chose une idée nette, si l'on veut bien se rappeler, comme le recommande MORAT, que le système nerveux, à son apparition, commence par être contenu tout entier à la place où seront les centres et qu'il y est représenté par des cellules nerveuses. Celles-ci ne tardent pas à émettre des prolongements qui, par un procédé de bourgeonnement continu, deviendront les nerfs et s'étendront à tout l'organisme.

Ces éléments dissemblables, fibres et cellules, comportent un fonctionnement différent.

Les fibres, émanées de la cellule, conduisent l'excitation dans un sens ou dans un autre, sans lui imprimer de modifications.

Le centre nerveux, la cellule, au contraire, reçoit cette excitation et la transforme en sensation, en acte volontaire ou réflexe, ou bien en une pensée.

L'excitation acquiert donc des caractères nouveaux en arrivant aux centres.

La cellule serait donc le véritable centre nerveux. Il faut pourtant préciser, et c'est ici qu'interviennent les données nouvellement apportées à la science par l'histologie.

Comme le fait remarquer MORAT, l'expression de centre peut être appliquée à plusieurs ordres de faits physiologiques en réalité distincts. Outre le sens qui vient de lui être attribué et qui concerne uniquement le transport et la transformation de l'excitation, il en existe encore un autre en vertu duquel est assurée la nutrition, l'intégrité de la forme et la régénération de ces éléments. Il faut donc *distinguer les centres fonctionnels et les centres trophiques*. Les centres fonctionnels seraient, pour beaucoup de physiologistes qui s'inspirent des idées nouvelles, hors de la partie réellement cellulaire de l'élément nerveux ; les seconds se confondraient avec le corps cellulaire lui-même.

Il est à remarquer que chaque neurone, nous l'avons déjà dit, commence à un de ses pôles par des arborisations et se termine, à l'autre pôle, par une nouvelle série d'arborisations. Ces deux ordres de prolongements protoplasmiques sont réunis par le corps cellulaire et par le cylindre-axe qui en émane. Le protoplasma des prolongements doit être distingué de celui qui s'est accumulé dans la zone cellulaire et qui consiste en un protoplasma granuleux embryonnaire.

Le premier de ces protoplasmas, dit MORAT, s'est spécialisé dans l'exercice des fonctions nerveuses ; le second a conservé les attributs généraux et mixtes en quelque sorte de tout être vivant : il a la fonction trophique.

Où serait donc situé, dans le cas particulier du réflexe, pour prendre un terme d'étude, le centre de réflexion ?

La réflexion se fait au niveau de l'articulation d'un neurone avec le neurone suivant.

Pour MORAT, c'est là qu'elle change de caractère et non point au niveau de la cellule, à la hauteur du noyau, comme on le croyait jusqu'ici.

On peut avoir une démonstration aisée de la vérité de cette notion lorsqu'on prend le cas particulier d'un neurone sensitif. On sait, en effet, que, dans ces individualités nerveuses, la cellule, le centre trophique, n'est autre chose que le ganglion spinal d'où se détachent des arborisations de deux ordres qui atteignent une longueur considérable dans les deux sens. Grâce à cette disposition anatomique spéciale, on peut constater que l'excitabilité du nerf sensitif est la même en deçà et au delà du ganglion spinal ; donc le ganglion spinal ne modifie pas le caractère de l'excitation.

Le raisonnement et l'expérience semblent donc d'accord, conclut MORAT, pour dénier aux corps cellulaires des neurones (aux anciennes cellules nerveuses) la fonction réflexe, le rôle de transformation de l'excitation qu'on leur avait jusqu'ici concédé, et pour attribuer ce rôle aux extrémités des fibres, aux associations complexes formées par la rencontre de ces extrémités.

Telle est l'hypothèse émise par MORAT sur le fonctionnement véritable du neurone. Comme on le voit, *le rôle de la cellule nerveuse est d'ordre trophique, celui des prolongements protoplasmiques est seul fonctionnel. L'acte réflexe caractéristique de l'activité nerveuse se passe au niveau des articulations des panaches.*

MORAT admet la contiguïté des panaches, mais il ne se préoccupe pas de la question, si intéressante, des conditions mêmes de la contiguïté de ces panaches. Cette contiguïté est-elle constante ? Est-elle sujette à des variations ?

La lecture du chapitre précédent, au cours duquel nous avons surpris les mouvements et les changements au sein même des masses protoplasmiques, a déjà permis de prévoir que les rapports entre les panaches doivent varier de cellules à cellules, aux différents instants de la vie et sous les influences les plus diverses.

Ces modifications possibles des articulations ont été bien étudiées par TANZI, à qui nous sommes encore redevables d'une théorie.

Voici le résumé de l'hypothèse psycho-physiologique de TANZI.

Toute excitation extérieure qui impressionne notre système nerveux, en déterminant un état de conscience particulier, produit, comme on le sait, outre une modification momentanée et passagère correspondant à la sensation actuelle, une empreinte permanente, une sorte de reliquat parfois indélébile. Le processus fonctionnel donne en quelque sorte aux centres nerveux une propriété nouvelle, grâce à laquelle la sensation pourra se reproduire plus facilement et même par excitation interne : *c'est le phénomène de la mémoire.* Si l'excitation est suivie d'une réaction motrice, non seulement le souvenir de la sensation, mais encore la reproduction de l'acte musculaire s'ensuivront avec d'autant plus d'exactitude et de netteté que le nombre des répétitions aura été plus grand : *c'est la loi de l'exercice.*

Par l'effet d'un exercice continu, de longues séries de souvenirs s'organisent qui sont liés à des facultés motrices coordonnées ; à la base de ces phénomènes se trouve *la loi d'association.*

A tout mouvement persistant ou momentané de nos conditions subjectives correspond un mouvement parallèle, également persistant ou momentané, selon le cas, dans l'état du cerveau.

Il faut donc admettre que, tout nouveau degré de perfectionnement psycho-nerveux devant se différencier en quelque chose des autres, il est rigoureusement nécessaire qu'à chacun d'eux corresponde une figuration différenciée d'une manière permanente dans le substratum anatomique qui y est intéressé.

Jusqu'ici on admettait qu'aux divers degrés de la capacité mentale correspondaient divers états d'équilibre, ou bien de l'assise moléculaire, ou bien de la composition chimique. Il n'est guère possible de rattacher un attribut concret quelconque à cette série si longue d'orientations moléculaires et peut-être chimiques.

En nous tenant au contraire à la théorie qui fait du système nerveux un agrégat de neurones distincts, et si nous admettons, avec Kölliker, Cajal, Waldeyer, Gehuchten, Lenhossek, Forel, Retzius et même avec Golgi, que l'onde nerveuse peut se propager par contiguïté, c'est-à-dire franchir l'intervalle microscopique qui sépare un neurone de l'autre, l'explication de tant de faits obscurs apparaîtra simplifiée. Le courant nerveux peut provoquer, chaque fois qu'il passe, un nouveau réveil des processus nutritifs, et amener, dans les neurones traversés, une hypernutrition, tout comme dans le muscle qui a travaillé. Si l'augmentation de volume qui en résulte s'exerce, comme il est plus que probable, dans le sens de la longueur, l'exercice de l'acte fonctionnel diminuera d'autant la distance entre les neurones solidaires et contigus. Les neurones co-intéressés tendront à se rapprocher les uns des autres, et leur système pourra former un tout, de plus en plus cohérent, dans lequel les intervalles entre les neurones finiront par se réduire à zéro ou à un minimum de la distance qui est peut-être nécessaire au bon accomplissement de la fonction. L'exercice, en tant qu'il contribue à abréger les distances, augmente donc la conductibilité des neurones dans leur capacité fonctionnelle.

C'est, comme on le voit, la doctrine, celle que défend Tanzi, de l'action par contiguïté entre les différentes neurones. Il explique par de lents mouvements de rapprochements entre les neurodendres l'établissement de rapports plus intimes et plus constants, résultat d'une hypertrophie fonctionnelle déterminée par les passages répétés d'excitations rendues habituelles.

Mathias-Duval s'est demandé plus récemment s'il fallait accepter l'hypothèse de Tanzi dans son intégrité, s'il s'agissait bien, comme le veut l'histologiste italien, d'une

proximité définitivement établie entre les ramifications terminales, ou d'une facilité acquise par ces ramifications de
s'allonger à un moment donné, de se rétracter à un autre
moment, par une véritable propriété amœboïde de leur protoplasma. Se fondant sur l'observation de mouvements amœboïdes faite par Wiedersheim dans les cellules du cerveau
du Leptodora hyalina, Mathias-Duval admet que les modifications rapides de l'activité des éléments nerveux dans les
processus psychiques sont accompagnées, elles aussi, de mouvements amœboïdes, ce qui rendrait plus ou moins intime le
rapport de contiguïté entre les différents neurodendres.

L'hypothèse de Mathias-Duval se rapproche beaucoup
de celle émise en 1890 par Rabl-Rückhard qui pensait, sans
avoir connu les travaux de Wiedersheim, que les molécules
de la cellule nerveuse sont pendant la vie animées de mouvements amœboïdes, ce qui provoque, dans les fins ramuscules des prolongements, une sorte de reptation d'où résultent
des interruptions ou au contraire des adhésions plus ou
moins prononcées « entre les fils cogitatifs ». A chaque
interruption, ou à chaque contact dans le réseau, correspond
dans des groupes d'autres cellules un arrêt ou une accélé-
ration des mouvements amœboïdes, selon les besoins : de là
la multiplicité et la variété des associations, et la transformation continuelle de l'activité mentale. On conçoit combien
ces hypothèses si séduisantes ont préoccupé les physiologistes, et combien de critiques elles ont fait naître.

Peu importe, dit Laborde, que ce soit le panache,
comme le veut Morat, ou la cellule elle-même, d'où provient
celui-ci, qui soit le siège du travail fonctionnel en question.
Le fait ne tire pas à conséquence. Il n'y aurait qu'un déplacement de travail qui d'ailleurs ne sort pas du centre cellulaire
lui-même. Il faut bien avouer, ajoute ce physiologiste, que la

contiguïté organique explique d'une façon plus satisfaisante la continuité des phénomènes physiologiques. Si la théorie amœboïde est vraie, il faut admettre la similitude des phénomènes nerveux avec les phénomènes électriques qui sont, dans leur essence, des phénomènes du contact.

Lépine, à l'occasion d'un cas d'hystérie à forme particulière, se livre à des réflexions d'ordre général concernant les théories du neurone. Il pense que, si les prolongements des cellules sont simplement contigus et nulle part continus, on peut concevoir qu'un simple défaut d'adhérence entre ces prolongements mette obstacle au passage de l'influx nerveux ; qui empêche de supposer que, sous une influence psychique, un déplacement insignifiant des prolongements fasse cesser la contiguïté et que celle-ci se rétablisse par suite d'un certain éréthisme de la cellule dépendant de la volonté ? Il ne paraît pas irrationnel, ajoute Lépine, de supposer que le sommeil naturel puisse être causé par le retrait des prolongements des cellules du sensorium, amenant ainsi l'isolement de celle-ci. Cette nouvelle théorie expliquerait la soudaineté extraordinaire avec laquelle nous passons de l'état de veille à l'état de sommeil. Elle se concilierait d'ailleurs fort bien avec les théories chimiques actuellement en faveur : on conçoit que ce ratatinement des prolongements puisse être dû à des modifications chimiques du protoplasma cellulaire.

Renaut, de Lyon, ne partage pas les idées de Ramon y Cajal sur les terminaisons libres des neurones. Il aurait constaté, sur une série de préparations, la continuité de certains prolongements protoplasmiques d'une cellule munie d'un cylindre-axe avec ceux d'une cellule qui en est dépourvue. Il y a donc, pour lui, des neurones associés et continus par quelques-uns de leur prolongements protoplasmiques.

Dogiel décrit, de son côté, des neurones associés par leurs cylindres-axes. La doctrine des terminaisons toujours libres ne paraît donc pas exacte dans toute sa rigueur. D'autre part, pour le même auteur, l'hypothèse des mouvements amœboïdes serait toute idéale. On n'observe pas d'attitudes variées dans les branches protoplasmiques des cellules multipolaires. Ces prolongements sont toujours tendus et les grains perlés du réseau ne bougent pas.

Kölliker, d'autre part, s'est livré à la critique des hypothèses de Rabl-Ruckhard et de Mathias-Duval.

D'après lui, les cylindres-axes ne sont pas contractiles; aucune contraction ne peut être provoquée chez eux par les excitations électriques ou mécaniques. Les extrémités nerveuses, situées dans les organes transparents de divers animaux vivants, ne sont animées d'aucun mouvement. Les cylindres-axes ne sont pas formés d'un protoplasma mou, leur consistance est relativement ferme et ils offrent une structure fibrillaire.

Si les extrémités neuro-dendritiques étaient susceptibles de mouvements spontanés, cela ne s'accorderait guère avec la stabilité de la pensée.

Pour Kölliker les fonctions du système nerveux sont dues, non pas à des mouvements amœboïdes des dendrites, mais à des processus chimiques, à des vibrations moléculaires des cellules nerveuses elles-mêmes, en y comprenant tous leurs prolongements. Il serait porté à croire que l'accroissement des prolongements peut, dans certains cas, continuer bien après les premières années de la vie et même donner lieu à de nouvelles connexions entre les neurones différents; peut-être aussi, sous l'influence de l'âge, des maladies mentales, ces prolongements éprouvent-ils une véritable régression.

Les physiologistes dont nous venons de citer les travaux

ont jusqu'ici expliqué le fonctionnement des centres nerveux au moyen d'hypothèses qui peuvent être ramenées à deux, celle de TANZI, celle de MATHIAS-DUVAL. Le premier suppose une hypertrophie fonctionnelle permanente des dendrites ; le second introduit la notion de mouvements amæboïdes permettant l'établissement ou l'interruption de la contiguïté entre dendrites voisines. RAMON Y CAJAL donne une troisième explication dont nous allons examiner l'essence.

L'histologiste espagnol pose en principe qu'entre les organes des sens et les centres nerveux existe une chaîne fixe de conducteurs ou de neurones, dans laquelle toute impression, reçue à la périphérie par une cellule sensorielle, se propage en avalanche, c'est-à-dire ébranle un nombre croissant de cellules jusqu'au cerveau. A la suite d'un ébranlement portant sur un petit nombre de cellules sensorielles, il se fait donc une excitation qui ébranle successivement une foule de cellules pyramidales de l'écorce. La sensation ou perception qui en résulte n'est pas due au travail d'un seul corpuscule nerveux, mais à celui d'un grand nombre.

Il est vraisemblable que le groupe de cellules qui a engendré la sensation, peut conserver la perception à l'état latent, puis reproduire lui-même cette même sensation sous l'influence de la volonté. Les centres cortico-sensoriels représentent pour CAJAL une véritable projection amplifiée ou dilatée des surfaces sensibles des organes des sens et constituent comme une rétine centrale, comme un organe de CORTI central.

Comment se fait la transmission d'une impression sensorielle au cerveau ? C'est ce que se demande à son tour RAMON Y CAJAL. Il rappelle les théories de MATHIAS-DUVAL et de KÖLLIKER, et constate que KÖLLIKER leur oppose le défaut de mouvements amæboïdes dans les fibres nerveuses. D'autre

part, l'auteur fait lui-même une série d'objections à la théorie
de MathiasDuval. Il a constaté que les arborisations nerveuses terminales du cerveau, du bulbe olfactif, des ganglions
acoustiques centraux et du lobe optique, présentent toujours la
même extension. La forme et le degré de voisinage des corps
cellulaires ne varient pas, quel qu'ait été le genre de mort de
l'animal. Les ramuscules nerveux de la rétine et du lobe
optique des Reptiles et des Batraciens présentent le même
aspect, que les organes aient été tués après un repos pro-
longé (obscurité prolongée) ou après une suractivité réelle.
Cajal a pourtant vu la morphologie cellulaire varier pendant
le travail mental et a observé toutes les transitions entre les
cellules à l'état de retrait, avec appendices courts et rétractés,
et l'état d'expansion avec appendices multiples, ramifiés
même. Cajal combat les théories qui font de la névroglie
des cellules de nutrition et de soutien du tissu nerveux. Il
leur attribue une fonction autrement importante. Elles sont
hérissées d'une multitude de prolongements collatéraux qui
peuvent présenter deux états, l'un d'expansion, l'autre de
contraction. Pendant la période de relâchement, les appendices ou pseudopodes pénètrent entre les ramuscules nerveux
et les prolongements protoplasmiques, et interrompent ou
atténuent les courants. L'inverse arrive pendant la période
de contraction des cellules névrogliques. Ces contacts sont
automatiques ou provoqués par la volonté, qui peut ainsi
enrayer les associations dans une direction déterminée.

La névroglie de la substance grise serait donc un appareil
d'arrêt et un commutateur des courants nerveux. De plus, la
contraction ne coïncide pas avec le repos mental, comme
dans la théorie de Duval, mais avec la période d'activité de
l'écorce cérébrale.

Il est intéressant de remarquer, avec Lugaro, que, d'après

ces hypothèses, les connexions, déterminées par l'activité des éléments nerveux chez l'individu s'établissent par un processus strictement analogue à celui par lequel s'établissent les connexions primitives durant la vie embryonnaire. Le développement des prolongements des cellules a lieu progressivement à partir de la cellule. Or, donc, le processus psychique immédiat (RABL-DUVAL), l'hypertrophie fonctionnelle (TANZI), les nouvelles acquisitions individuelles (CAJAL) produisent, dans les éléments nerveux, cette modification qui, ensuite, se transmettant héréditairement, pourra apparaître anticipée dans l'ontogénèse, et qui se manifeste par le développement progressif des prolongements cellulaires. On ne pourrait rien imaginer, dit LUGARO, qui fût plus en harmonie avec le principe de l'évolution organique par transmission héréditaire des adaptations individuelles.

BIBLIOGRAPHIE

R. Cajal. — Algunas conjeturas sobre el' mecanismo anatomico de la ideacion. *Revisto de medicina chirurgia practica.* Madrid, 1895.

Kölliker. — Kritik der Hypothesen von Rabl-Rückhard und Duval über amöboide Bewegung der Neurodendren. *Sitz-Ber. der physik.-med. Gesellsch. zu Würzburg*, 1895, n° 3, p. 38.

Laborde. — Les hypothèses sur la physiologie du système nerveux. *Soc. de biol.*, 23 février 1895, p. 121.

R. Lépine. — Sur un cas d'hystérie à forme particulière. *Rev. de méd.*, 10 août 1894, n° 8, p. 713.

Mathias-Duval. — Hypothèses sur la physiologie des centres nerveux ; théorie histologique du sommeil. *Soc. de biol.*, 2 février 1895.

X... — Nouvelle théorie du sommeil d'après Mathias-Duval. *Rev. scientif.*, 23 février 1895, n° 8, p. 247.

Marinesco. — Théorie des neurones, application du processus de dégénérescence et d'atrophie dans le système nerveux. *La Presse médicale*, 20 décembre 1895, p. 515.

Morat. — Note à l'occasion de Mathias-Duval. *Soc. biol.*, 16 février 1895, p. 114.

— Nerfs et ferments. *Rev. scientif.*, 18 février 1895, n° 7, p. 193.

— Qu'est-ce qu'un centre nerveux? *Rev. scientif.*, 24 novembre 1894, n° 21, p. 642.

— Ganglions et centres nerveux. *Archives de physiol.*, janvier 1895, p. 200.

Ch. Morin. — Note à l'occasion de Cajal et de M. Duval. *Soc. biol.*, 2 mars 1895, p. 140.

Paladino. — Sur les limites précices entre la névroglie et les éléments nerveux et sur quelques questions histo-physiologiques. *Arch. ital. de biol.*, t. XXII, f. I, p. 39.

Rabl-Rückhard. — Sind die Ganglienzellen amöboid. *Neurol. Cent.*, 1890, n° 7.

Renaut. — Sur les cellules nerveuses et le neurone de Waldeyer. *Acad. de méd.*, 5 mars 1895, p. 207.

J. Soury. — Le protoplasma et les fonctions psychiques. *Revue générale des sciences d'Olivier*, 30 janvier 1865, n° 2, p. 65.

Tanzi. — Les faits et les inductions de l'histologie moderne dans le système nerveux. *Revue expérimentale de pathologie mentale et de médecine légale*, 1893, vol. XIX, p 419.

CHAPITRE IV

Cas particulier du sommeil.

1º Résumé des théories anciennes (sommeil et rêve).
2º Théorie histologique du sommeil.
Considérations générales sur les applications de l'hypothèse de MATHIAS-
DUVAL à la psychologie, à l'action des poisons, à l'ivresse, à la pathologie, etc.

1º Les anciennes théories du sommeil et du rêve.

Le sommeil remplit un tiers environ de notre existence ; il
s'en faut cependant qu'il ait occupé jusqu'ici, dans les traités de
physiologie, une place proportionnée à l'étendue de son rôle
dans la vie humaine. C'est qu'en réalité sa nature et ses causes
nous étaient encore très peu connues ; des théories, proposées jusque dans ces derniers temps pour l'expliquer, aucune
n'avait réussi à dépasser les frontières de la plus vague pro-
babilité. Nous en ferons rapidement la revue, en examinant
d'abord celles qui ont considéré le sommeil objectivement, au
point de vue physiologique, dans ses caractères et ses effets
généraux, puis celles qui l'ont plus particulièrement étudié

au point de vue subjectif et psychologique, dans les phénomènes du rêve.

A. — Théories du sommeil. — Tout d'abord, sur la nature même du sommeil, bien des opinions diverses ont été émises.

Quelques-uns, frappés de son analogie avec certains états morbides, ont paru voir en lui un phénomène anormal, pathologique. FLÉMING le considère comme une « syncope », BROWN-SÉQUARD « comme une attaque quotidienne d'épilepsie ». Nous croyons au contraire, avec PREYER, qu'il faut bien se garder de confondre « les narcoses produites artificiellement par toutes sortes de moyens stupéfiants, les différents états morbides, asphyxiques, soporeux, comateux, somnolents, enfin la mort apparente elle-même, avec le sommeil de l'Homme bien portant, périodique, normal, en un mot, le sommeil physiologique ».

Mais, si le sommeil est un phénomène normal, doit-on l'envisager comme une *fonction véritable* aussi nécessaire à la vie que la respiration et la nutrition, ou faut-il dire, avec BURDACH, que c'est un état particulier de nos fonctions, mais qu'il ne constitue pas une fonction à part, et même ajouter, avec RICHERAND, que « c'est un état négatif » et nullement actif?

D'autre part, état général des fonctions ou fonction spéciale, le sommeil s'étend-il à la vie tout entière ou ne régit-il que la vie animale à l'exclusion de la vie végétative ? Cette dernière thèse est celle qui compte le plus grand nombre de partisans.

A commencer par BICHAT, cet illustre physiologiste, après avoir établi le caractère général des fonctions organiques, leur continuité et la mutuelle dépendance où elles sont les unes des autres, arrive à traiter de l'*intermittence d'action dans la vie animale*.

« Considérez, au contraire, dit Bichat, chaque organe de
« la vie animale dans l'exercice de ses fonctions, vous y ver-
« rez constamment des alternatives d'activité et de repos,
« des intermittences complètes, et non des rémittences
« comme celles qu'on remarque dans quelques phénomènes
« organiques.

« Chaque sens fatigué par de longues sensations, devient
« momentanément impropre à en recevoir de nouvelles.
« L'oreille n'est point excitée par les sons, l'œil se ferme à la
« lumière, les saveurs n'irritent plus la langue, les odeurs
« trouvent la pituitaire insensible, le toucher devient obtus,
« par la seule raison que les fonctions respectives de ces
« divers organes se sont exercées quelque temps.

« Fatigué par l'exercice continu de la perception, de
« l'imagination, de la mémoire ou de la méditation, le cer-
« veau a besoin de reprendre, par une absence d'action pro-
« portionnée à la durée d'activité qui a précédé, des forces
« sans lesquelles il ne pourrait redevenir actif.

« Tout muscle qui s'est fortement contracté ne se prête à
« de nouvelles contractions, qu'après être resté un certain
« temps dans le relâchement. De là les intermittences néces-
« saires de la locomotion et de la voix.

« Tel est le caractère propre à chaque organe de la vie
« animale, qu'il cesse d'agir par là même qu'il s'est exercé,
« parce qu'alors il se fatigue et que ses forces épuisées ont
« besoin de se renouveler.

« L'intermittence de la vie animale est tantôt partielle,
« tantôt générale : elle est partielle quand un organe isolé a
« été longtemps en exercice, les autres restant inactifs. Alors
« cet organe se relâche ; il dort tandis que les autres veil-
« lent. Voilà sans doute pourquoi chaque fonction animale
« n'est pas dans une dépendance immédiate des autres,

« comme nous l'avons observé dans la vie organique. Les
« sens étant fermés aux sensations, l'action du cerveau peut
« subsister encore, la mémoire, l'imagination, la réflexion y
« restent souvent. La locomotion et la voix peuvent alors
« continuer aussi ; celles-ci étant interrompues, les sens
« reçoivent également les impressions externes.

« L'animal est maître de fatiguer isolément telle ou telle
« partie. Chacune devait donc pouvoir se relâcher, et par là
« même réparer ses forces d'une manière isolée : c'est le
« sommeil partiel des organes. »

. . . .

« Le sommeil général est l'ensemble des sommeils par-
« ticuliers ; il dérive de cette loi de la vie animale qui en-
« chaîne constamment dans ses fonctions des temps d'inter-
« mittence aux périodes d'activité, loi qui la distingue d'une
« manière spéciale, comme nous l'avons vu, d'avec la vie
« organique : aussi le sommeil n'a-t-il jamais sur celle-ci
« qu'une influence indirecte, tandis qu'il porte tout entier sur
« la première.

« De nombreuses variétés se remarquent dans cet état
« périodique auquel sont soumis tous les animaux. Le som-
« meil le plus complet est celui où la vie externe, les sensa-
« tions, la perception, l'imagination, la mémoire, le juge-
« ment, la locomotion et la voix sont suspendus ; le moins
« parfait n'affecte qu'un organe isolé ; c'est celui dont nous
« parlions tout à l'heure.

« Entre ces deux extrêmes, de nombreux intermédiaires
« se rencontrent : tantôt les sensations, la perception, la
« locomotion et la voix sont seules suspendues, l'imagina-
« tion, la mémoire, le jugement restant en exercice ; tantôt,
« à l'exercice de ces facultés qui subsistent, se joint aussi
« l'exercice de la locomotion et de la voix. C'est là le som-

« meil qu'agitent les rêves, lesquels ne sont autre chose
« qu'une portion de la vie animale, échappée à l'engourdis-
« sement où l'autre est plongée.

« Quelquefois même trois ou quatre sens seulement ont
« cessé leur communication avec les objets extérieurs : telle
« est cette espèce de somnambulisme où, à l'action conservée
« du cerveau, des muscles et du larynx, s'unit celle souvent
« très distincte de l'ouïe et du tact.

« N'envisageons donc point le sommeil comme un état
« constant et invariable dans ses phénomènes. A peine dor-
« mons-nous deux fois de suite de la même manière ; une
« foule de causes le modifient en appliquant à une portion
« plus ou moins grande de la vie animale, la loi générale de
« l'intermittence d'action. Ses degrés divers doivent se mar-
« quer par les fonctions diverses que cette intermittence
« frappe.

« Le principe est partout le même, depuis le simple relâ-
« chement qui, dans un muscle volontaire, succède à la con-
« traction, jusqu'à l'entière suspension de la vie animale.
« Partout le sommeil tient à cette loi générale d'intermittence,
« caractère exclusif de cette vie ; mais son application aux
« diverses fonctions externes varie infiniment.

« Il y a loin sans doute de ces idées sur le sommeil à tous
« ces systèmes rétrécis, où sa cause, exclusivement placée dans
« le cerveau, le cœur, les gros vaisseaux, l'estomac, etc.,
« présente un phénomène isolé, souvent illusoire, comme
« base d'une des grandes modifications de la vie.

« Pourquoi la lumière et les ténèbres sont-elles, dans
« l'ordre naturel, régulièrement coordonnées à l'activité et à
« l'intermittence des fonctions externes ? C'est que, pendant
« le jour, mille moyens d'excitation entourent l'animal, mille
« causes épuisent les forces de ses organes sensitifs et loco-

« moteurs, déterminent leur lassitude, et préparent un relâ-
« chement que la nuit favorise par l'absence de tous les
« genres de stimulants. Aussi dans nos mœurs actuelles, où
« cet ordre est à peine interverti, nous rassemblons autour
« de nous, pendant les ténèbres, divers excitants qui prolon-
« gent la veille, et font coïncider avec les premières heures
« de la lumière, l'intermittence de la vie animale, que nous
« favorisons d'ailleurs en éloignant du lieu de notre repos
« tout moyen propre à faire naître des sensations.

« Nous pouvons, pendant un certain temps, soustraire les
« organes de la vie animale à la loi d'intermittence, en mul-
« tipliant autour d'eux les causes d'excitation ; mais enfin ils
« la subissent, et rien ne peut, à une certaine époque, en
« suspendre l'influence. Épuisés par une veille prolongée,
« le soldat dort à côté du canon, l'esclave sous les verges
« qui le frappent, le criminel au milieu des tourments de la
« question, etc., etc.

« Distinguons bien, du reste, le sommeil naturel, suite de
« la lassitude des organes, de celui qui est l'effet d'une affec-
« tion du cerveau, de l'apoplexie ou de la commotion, par
« exemple. Ici les sens veillent, ils reçoivent des impres-
« sions, ils sont affectés comme à l'ordinaire ; mais ces
« impressions ne pouvant être perçues par le cerveau malade,
« nous ne saurions en avoir la conscience. Au contraire, dans
« l'état ordinaire, c'est sur les sens, autant et même plus que
« sur le cerveau, que porte l'intermittence d'action.

« Il suit de ce que nous avons dit dans cet article que,
« par sa nature, la vie organique dure beaucoup plus que la
« vie animale. En effet, la somme des périodes d'intermit-
« tence de celle-ci est presque à celle de ses temps d'acti-
« vité, dans la proportion de la moitié ; en sorte que, sous ce
« rapport, nous vivons au dedans presque le double de ce que
« nous existons au dehors. »

P.   6

Nous avons tenu à transcrire en entier ce remarquable pas-sage de l'œuvre géniale de BICHAT : c'est encore son opinion qui est la plus conforme aux doctrines actuelles de la physio-logie.

« Le sommeil, dit à son tour MATHIAS-DUVAL, est la cessation réparatrice, totale ou particlle des fonctions de rela-tion », d'où cette conséquence que chez l'Homme, « il est surtout une fonction cérébrale ». De même BROUSSAIS, dans sa phy-siologie appliquée à la pathologie, définissait le sommeil comme la cessation des fonctions intellectuelles et affectives ; BÉCLARD, dans son traité de physiologie humaine, le caractérisait par « l'intermittence des fonctions dites animales » ; enfin, PREYER, dans un discours prononcé à Hambourg, le désignait comme étant « la disparition périodique de l'activité cérébrale supé-rieure ». Cependant la distinction de la vie animale et de la vie organique ne saurait être absolue et le sommeil ne porte pas moins, semble-t-il, sur l'une que sur l'autre, car l'insomnie prolongée produit des désordres de la vie végétative aussi bien que des troubles dans les fonctions psychiques.

Faut-il aller plus loin encore, et prétendre, avec VULPIAN, après LAINÉ, de CANDOLLE, DUTROCHET, etc., « que le sommeil existe à des degrés et avec des caractères différents chez tous les êtres organisés, Animaux et Végétaux ? », ou, à l'exemple de RICHERAND et de DUCHARTRE, ne doit-on voir dans le sommeil des plantes qu'une analogie purement poétique ?

Quelque solution qu'on adopte à cet égard, nous nous borne-rons à étudier ici les théories du sommeil chez l'Homme et les Animaux supérieurs.

Il semble que ces théories puissent se ranger en deux groupes. Suivant les unes, le sommeil est, avant tout, un phéno-

mène *circulatoire* : il dépend essentiellement soit de la quantité, soit de la qualité du sang qui circule dans les lobes
cérébraux ; suivant les autres, le sommeil est avant tout un phénomène *nerveux*, et c'est dans un mode particulier du fonctionnement des centres nerveux qu'on doit en chercher l'explication.

Dans le premier groupe, nous distinguerons d'abord les
théories qui expliquent le sommeil par une modification
quantitative de la circulation cérébrale, puis celles qui l'expliquent par une modification *qualitative*.

1° Les anciens attribuaient le sommeil à une *hyperhémie* du
cerveau causée par la compression des voies de retour du
sang, et cette hypothèse leur fut probablement suggérée par
la position déclive du dormeur, comme semble en témoigner
le nom de *pressoir d'Hérophile* (1), donné par eux à la partie
postérieure de la tête, où les vaisseaux veineux de la dure-mère
viennent aboutir dans le confluent central. Parmi les partisans
de cette théorie, on peut citer ALBERT DE HALLER et CABANIS.
Quelques observations ont paru l'appuyer. Ainsi REDFORD
BROWN, des États-Unis, dans un cas de fracture du crâne
avec perte de substance cérébrale, a cru observer de l'hyperhémie et de la turgescence du cerveau au moment de la chloroformisation. BROWN-SÉQUARD signale de même, chez les
Animaux, une congestion des vaisseaux de la base du cerveau.
LANGLET se demande s'il ne faut pas attribuer au gonflement
de la masse encéphalique le rétrécissement de la pupille qui se
produit pendant le sommeil. MÜLLER enfin fait remarquer que
le sommeil s'accompagne le plus souvent d'un afflux de sang
à la face.

(1) De là aussi le nom d'artères *carotides* (RUFUS) ou *soporales* (VÉSALE),
c'est-à-dire artères du sommeil.

2° Toutefois, la majeure partie des faits semble suggérer et confirmer une théorie tout opposée, celle qui rattache le sommeil à un état d'anémie cérébrale. En 1865, Durham, par des observations faites sur un Chien trépané, établit l'anémie du cerveau, et ce résultat est confirmé par W. Hammond, de New-York (1854-1868), lequel avait eu l'occasion d'observer le sommeil naturel chez un Homme dont le cerveau avait été mis à nu sur une certaine étendue par un accident de chemin de fer. Ernest Samson (1864) publie en Angleterre des expériences faites avec le chloroforme, l'éther, l'alcool, etc., qui aboutissent à la même conclusion.

Claude Bernard fait voir que, en règle générale, tous les organes (muscles, glandes, pancréas, etc.) s'anémient, lorsque leur activité fonctionnelle diminue, et il explique les exceptions apparentes à cette loi en montrant que l'hyperhémie n'est qu'une première phase essentiellement transitoire à laquelle succède bientôt l'anémie. Au début du sommeil il se produit des symptômes d'asphyxie et des troubles de la respiration, de là une certaine congestion; vient ensuite l'anesthésie, et avec elle la pâleur de l'anémie. Des expériences faites sur un Lapin trépané et anesthésié prouvent que si, au premier moment, il y a gonflement, hyperhémie, secondairement, il y a pâleur et affaissement du cerveau.

Plus récemment, les expériences de Bruns, de Salathé, de Mosso, ont encore vérifié ce fait que, dans le sommeil, les vaisseaux de l'encéphale contiennent moins de sang que dans la veille. Ainsi Mosso, avec son hydro-sphygmographe, montre que le volume du cerveau diminue en proportion même de la profondeur du sommeil, tandis que le volume des organes périphériques (par exemple du bras) augmente, grâce à la dilatation des vaisseaux.

Le sommeil serait donc provoqué par une nutrition imparfaite du cerveau. En diminuant la quantité des éléments qui s'y rendent, on diminue son activité. Ainsi s'expliqueraient nombre de faits, par exemple, la sieste, qui résulte de l'afflux du sang dans l'appareil digestif, la somnolence qui suit les grandes pertes de sang, le sommeil qu'on peut produire (comme Fléming l'a expérimenté) par la compression des carotides, etc.

3° Mais n'y a-t-il dans le sommeil qu'une simple diminution de la quantité du sang qui baigne le cerveau, cette diminution ne s'accompagne-t-elle pas d'un changement dans sa qualité? Ici se placent des théories qu'on pourrait, en quelque sorte, appeler théories *chimiques* du sommeil, en ce sens qu'elles prétendent toutes l'expliquer par une modification de la composition chimique du sang.

La plus ancienne de ces théories est celle qui rattache le sommeil à la diminution d'oxygène, à l'*anoxie*. Parmi ses partisans, citons : AL. DE HUMBOLDT, PURKINJE, PFLÜGER, KOLSCHÜTTER, etc. Pendant la veille, dit-on, le cerveau brûle plus de matériaux nutritifs que le sang ne lui en fournit. Par suite, l'oxydation diminue, et avec elle l'excitabilité du tissu nerveux. Pendant le sommeil, il y a restitution des éléments usés et accumulation d'oxygène. On exhale le jour plus d'acide carbonique, et on absorbe moins d'oxygène que la nuit. D'après PETTENKOFER et VOIT, le quotient respiratoire $\frac{CO_2}{O_2}$ diminue pendant le sommeil, une certaine proportion d'oxygène s'accumulant dans les tissus : on respire la nuit pour le jour. Pendant la veille même, selon SCZELBOW et LUDWIG, quand le repos est absolu, on absorbe plus d'oxygène qu'on n'en excrète. — Cependant, il faut bien le dire, le fait même sur lequel cette théorie repose a été récemment contesté par l'un de ceux qui avaient paru contribuer à l'édifier. VOIT a fini par déclarer que l'accumulation d'oxygène pendant le sommeil n'existe probablement pas. « C'est, dit-il, par suite d'une erreur dans la disposition de l'expérience que Pettenkofer et moi, nous avons conclu dans le temps que l'oxygène est emmagasiné en quantité notable pendant la nuit, et utilisé ensuite dans la journée ou pendant le travail. »

4° A la théorie que nous venons d'exposer s'en rattache une autre qui explique le sommeil, tout à la fois par une absence relative d'oxygène et par la présence en excès de certaines substances dans le sang ; ces deux circonstances étant d'ailleurs liées l'une à l'autre, celle-ci étant la cause de celle-là. Cette théorie est celle de Preyer.

Ranke avait montré que l'épuisement des muscles, dans la fatigue musculaire, résulte de l'accumulation des substances produites par leurs contractions, en particulier de l'acide lactique, lesquelles accaparent l'oxygène aux dépens des muscles eux-mêmes. Heynsius, Durham, Obersteiner, Binz, étendent l'hypothèse aux nerfs. Au moment du sommeil, la substance du cerveau, comme celle d'un muscle fatigué, serait encombrée de détritus acides.

Preyer (1875) assimile l'activité cérébrale à une sorte de respiration, le sommeil à une asphyxie. Les déchets accumulés par la veille sont des substances *ponogènes :* étant facilement oxydables, elles se décomposent en empruntant l'oxygène du sang. De même qu'on fatigue artificiellement un muscle en injectant dans ses vaisseaux une solution légèrement acidulée ; de même, par une injection d'acide lactique, par l'absorption de lactate de soude, on peut produire de la somnolence avec bâillements et sommeil. Cependant il s'en faut que les expériences aient toujours donné des résultats uniformes.

5° Aussi Léo Errera a-t-il modifié la théorie de Preyer en coupant le lien qui la rattachait à l'hypothèse de l'*anoxie* cérébrale. Selon lui, l'action des matières ponogènes s'exerce directement sur la substance nerveuse pour y déterminer une sorte d'empoisonnement passager. De là le nom de *théorie toxique* du sommeil par laquelle il désigne lui-même son hypothèse.

Voici en quels termes il la résume :

L'activité de tous les tissus, et en particulier de ceux qui sont les plus actifs, à savoir le tissu nerveux et le tissu musculaire, engendre des corps plus ou moins analogues aux alcaloïdes, les leucomaïnes.

Ces leucomaïnes sont fatigantes et narcotiques.

Donc ces leucomaïnes doivent occasionner, à la longue, la fatigue et amener le sommeil.

Au réveil, si l'organisme est reposé, c'est que ces corps ont disparu.

Donc, ils se détruisent et s'éliminent pendant le sommeil.

Chacune de ces propositions peut être développée comme il suit :

En premier lieu, Armand Gautier (1881-1886) réussit, on le sait, à extraire de la chair des Mammifères une série de cinq bases organiques, les *leucomaïnes* (du grec, leukôma, blanc d'œuf) dont la composition et les propriétés sont tout à fait analogues à celles des alcaloïdes végétaux (morphine, quinine, vératrine, strychnine, etc.). Déjà Bouchard et Pouchet avaient trouvé des alcaloïdes dans l'urine, Gautier dans la salive. D'où cette conclusion que « les Animaux produisent normalement des alcaloïdes à la façon des Végétaux ».

En second lieu, un certain nombre de faits prouvent que ces leucomaïnes sont, en général, ponogènes et narcotiques. Ainsi l'extrait aqueux de la salive est venimeux ou narcotique

pour les Oiseaux. L'action des alcaloïdes du suc musculaire
sur les centres nerveux se traduit par de la somnolence, de
la fatigue, parfois par des vomissements et de la purgation.
Selon Bouchard, les urines du sommeil sont convulsivantes,
les urines de la veille sont narcotiques.

Comment les leucomaïnes produisent-elles la fatigue et la
somnolence ?

Peut-être cet effet est-il dû en partie à ce qu'elles captent
l'oxygène du sang. De même que l'éther, le chloroforme,
l'hydrate de chloral et la plupart des alcaloïdes narcotiques,
morphine, narcéine, etc... avec lesquels elles offrent tant
d'analogies, ce sont des substances très oxydables. Mais il est
plus probable qu'elles agissent directement par une sorte d'in-
toxication des centres nerveux. Elles sont en effet plus abondantes dans l'état normal, de 1 à 1/2 millième et au-dessous. Or,
l'on sait qu'un centigramme de sel de morphine (quantité suffisante pour endormir) ne demande que 2 centigrammes d'oxygène, soit la 80ᵉ partie de ce que nous inspirons par minute,
et d'un autre côté plusieurs oxydants (halogènes, ozone, eau
oxygénée) sont narcotiques. Il en est de même pour les muscles : le phosphate acide de soude qui est inoxydable les
fatigue tout comme l'acide lactique. Il faut donc supposer un
autre mode d'action. D'après Rossbach, les alcaloïdes végétaux (morphine, quinine, vératrine, strychnine, etc.) modifient
les matières albuminoïdes (blanc d'œuf, sérum du sang, suc
musculaire), en augmentant leur coagulabilité. D'après Binz
les soporifiques (morphine, chloral, chloroforme, éther) rendent
trouble la substance nerveuse grise fraîche. Pareillement,
Claude Bernard croit que l'anesthésie par l'éther résulte d'une
sorte de coagulation. C'est une action de ce genre qu'exerce-
raient sur les centres nerveux supérieurs les substances ponogènes. Ces substances ont probablement une affinité élective

pour la cellule nerveuse corticale. Comme leur élimination par les émonctoires ou par l'oxydation n'est jamais que partielle, attendu qu'elles se forment en moyenne pendant la veille une fois et demie plus vite qu'elles ne s'oxydent et ne s'éliminent, elles s'accumulent à la longue dans le cerveau. Or, l'activité cérébrale est liée aux réactions chimiques, ou déchargée d'une matière éminemment explosible, le protoplasma des cellules nerveuses de l'écorce grise. Par suite de l'accumulation des leucomaïnes, les centres accomplissent de moins en moins leurs fonctions explosives, et l'organisme étant soustrait à la tyrannie du cerveau, chaque tissu peut se refaire tranquillement par une nutrition interne. Ainsi se produit le sommeil.

Loin d'être la cause du sommeil, l'oxydation des leucomaïnes serait plutôt celle du réveil ; et on comprend aisément que toutes les causes qui favorisent cette oxydation pendant la veille (par exemple l'exercice au grand air) tendent à retarder le sommeil et à prolonger la veille. Ici même on peut s'appuyer sur l'analogie. Il peut d'ailleurs y avoir aussi des ponolytes, c'est-à-dire des antidotes propres des ponogènes, des alcaloïdes antagonistes, des leucomaïnes narcotiques, comme l'atropine l'est à la pilocarpine, et tels seraient peut-être le café, le thé, la kola, etc. Si la contraction des muscles produit des substances réductrices, Gratzner et Gscheidlen ont montré que réciproquement les oxydants, tels que le permanganate de potasse en solution très faible, rendent au muscle fatigué son excitabilité et sa force.

Nous nous sommes particulièrement étendu sur cette intéressante théorie de Léo Errera, parce qu'elle est certainement la plus ingénieuse de toutes celles qu'on avait imaginées jusqu'à ce jour.

6° Dans une brochure publiée à Berlin en 1892, Emmanuel

Rosenbaum propose une théorie qui établit en quelque sorte la transition entre les précédentes et celles que nous réunissons dans un second groupe. Il place en effet directement la cause du sommeil dans un état de la substance nerveuse, indépendant de la quantité ou de la composition du sang apporté par le torrent général de la circulation ; mais cet état, comme dans les théories de Preyer et de Léo Errera, consiste en une modification matérielle ou chimique, et non, comme dans les théories qui vont suivre (Sergueyeff, etc.), en une modification dynamique ou physiologique de cette substance nerveuse.

L'hypothèse reste d'ailleurs très indéterminée. Le sommeil est défini par l'abaissement des forces physiques et mentales au-dessous du niveau moyen, abaissement dû à la fatigue du système nerveux. Cette fatigue, conséquence de la veille, consiste en une hydratation des cellules nerveuses. Plus l'hydratation des cellules s'exagère, plus leur excitabilité diminue. Cette hydratation est, elle-même, l'effet de la modification chimique de la substance nerveuse produite par l'activité de cette substance. Durant le sommeil, l'eau s'élimine en rentrant dans le sang, et, en s'exhalant par les poumons, elle est remplacée par des substances assimilables.

Les preuves données en faveur de l'hypothèse sont bien minces. Rosenbaum affirme, d'après Schiff et Harley, que l'excitabilité des nerfs est diminuée par leur hydratation ; il fait remarquer qu'on dort davantage par un temps mou et humide et que, chez les enfants qui dorment beaucoup, le tissu nerveux est plus hydraté que chez les adultes. Comme démonstration et vérification, ce n'est pas suffisant.

7° Nous ne serons pas beaucoup plus satisfait sous ce rapport par la théorie de Sergueyeff.

Selon le savant russe « le principal obstacle qu'a rencontré jusqu'ici la solution du problème, c'est que l'on a presque toujours méconnu le caractère essentiellement végétatif du sommeil, et qu'on a surtout cherché le secret là où il ne saurait être, c'est-à-dire dans la vie animale ». A ses yeux, en effet, le sommeil est une fonction générale de la vie végétative comparable aux fonctions de nutrition et de respiration.

Les êtres organisés sont dans un rapport nécessaire avec les trois milieux dont ils sont enveloppés, d'abord avec le sol qui les porte, et auquel ils empruntent des éléments solides et liquides : de là des fonctions de nutrition, caractérisées par un emprunt et un rejet ; puis avec l'atmosphère : de là des fonctions de respiration, caractérisées également par un emprunt et un rejet ; enfin avec l'élément impondérable de la lumière, de la chaleur et de l'électricité (éther) : de là une troisième fonction, non moins essentielle que les précédentes et qui serait caractérisée, elle aussi, par des alternatives d'emprunt et de rejet. Pendant la veille, l'organisme recevrait et accumulerait en lui l'élément impondérable, la force éthérée, dont il rendrait et évacuerait l'excès pendant le sommeil. L'organe de cette fonction serait le système nerveux ganglionnaire ou grand sympathique. L'emprunt et le rejet dynamique accomplis par ce système agiraient sur la partie des vaso-moteurs qui traversent les ganglions et modifieraient par ce moyen la circulation et particulièrement la circulation cérébrale : il y aurait, dans le sommeil, anémie superficielle et congestion centrale ; d'où résulteraient l'automatisme cérébral et les phénomènes psychiques qui en dépendent.

Cette hypothèse paraît avoir été suggérée à Sergueyeff par ce double fait que le sommeil est une fonction sans organe connu et que le grand sympathique est un organe sans fonction connue (du moins est-elle insuffisamment connue). Il invoque à l'appui les expériences de Claude Bernard qui ont établi que la section du sympathique amène toujours un accroissement de chaleur au delà du point sectionné. Cet accroissement ne peut s'expliquer, selon lui, que par l'arrêt et la transformation d'un mouvement centripète qui constituerait justement la fonction d'emprunt dynamique du système ganglionnaire.

Nous avons tenu à reproduire ces indications qu'il nous semble inutile de discuter.

8° C'est à peine si on peut donner le nom de théorie du sommeil aux idées consignées par le professeur DELBŒUF dans son livre « *Le sommeil et les rêves* ». Il est bien difficile d'y voir autre chose qu'un assemblage arbitraire d'abstractions et de métaphores.

Selon lui, tout organisme est constitué par un dépôt central recouvert d'un dépôt de formation. Ce dépôt, en partie héréditaire, en partie formé par l'individu, résulte de la fixation des forces externes par une couche sensible. Afin que l'organisme reste en communication avec l'extérieur, il est nécessaire qu'une nouvelle couche sensible monte à sa surface pour y être impressionnée. DELBŒUF donne à cette couche impressionnable le nom de *périphérie*, et il la distingue absolument de l'enveloppe superficielle de l'être sensible destinée à la protéger et à lui transmettre, en les renforçant et les dirigeant, les mouvements du dehors.

Comme SERGUEYEFF, il considère la veille comme une accumulation de forces et s'éloigne de l'opinion courante qui voit dans la vie une destruction des forces réparées par le sommeil et la nutrition. Voici comment il explique le sommeil : « La couche périphérique perd de sa sensibilité par l'usage même qui s'en fait ; il arrive ainsi un moment où elle ne renferme plus d'éléments sensibles et devient incapable de réagir : alors le sommeil s'empare de nous ; le temps de cet engourdissement est employé à la reconstitution de la sensibilité. »

On voit que ces doctrines qui prétendent chercher la cause du sommeil dans les propriétés mêmes des éléments nerveux sont certainement plus vagues, plus obscures, plus étrangères à la réalité des faits que celles qui la plaçaient en dehors de ces éléments, dans le milieu sanguin et dans les substances qu'il peut mettre en contact avec eux, bien qu'elles aient peut-être mieux discerné le véritable nœud du problème.

B. — **Théories du rêve**. — La psycho-physiologie du rêve n'a donné lieu à aucun travail d'ensemble qui se soit efforcé de relier et d'expliquer les principaux phénomènes qu'il présente, tout en les rattachant à quelque théorie générale du sommeil. Deux points seulement ont été surtout discutés :

1° Pourquoi, dans le rêve, les images sont-elles prises pour des sensations et nous donnent-elles l'illusion de la réalité ?

2° Pourquoi, dans les rêves, certaines catégories d'images reviennent-elles plutôt que d'autres ? Pour quelles raisons rêvons-nous plutôt à ceci qu'à cela ?

Stricker (dans son livre *Vorlesungen über allgemeine und experimentelle Pathologie*, Vienne, 1879), rapprochant le rêve de l'hallucination, attribue l'illusion du rêve à ce que les organes périphériques sont mis en mouvement sous l'action du système central.

Delbeuf lui objecte deux observations assez intéressantes et probantes. D'une part, une personne de 80 ans, devenue sourde à 30 ans, et complètement sourde depuis dix ans au point qu'on devait lui écrire pour communiquer avec elle, une fois endormie, entendait cependant les personnes auxquelles elle rêvait. D'autre part, le physiologiste belge Plateau, aveugle depuis plusieurs années, rêve d'ordinaire qu'il voit, quelquefois qu'il ne voit pas, d'autres fois que ses yeux se guérissent et qu'il continue à voir. Il voit des paysages de montagne; il rêve rarement d'expériences ou d'instruments; les objets présentent leurs couleurs naturelles; du reste, à l'état de veille, il voit presque toujours mentalement le lieu et les personnes.

Voici, d'après DELBEUF, qui ne fait guère que reproduire à ce propos, mais en termes assez heureux, l'explication classique, la cause de l'illusion dans le rêve. « Nos conceptions sont reconnues comme telles, quand nous sommes éveillés, grâce à la vivacité prépondérante des perceptions sur lesquelles elles se projettent; dans nos rêves, elles font illusion par cette raison même qu'alors nos perceptions sont obtuses et sans éclat. Pendant la veille, elles font l'effet d'une tache sur un fond lumineux, pendant le sommeil, elles s'illuminent parce que le fond devient obscur. Aussi presque jamais les tableaux que nous présentent les rêves n'ont de cadre. »

La seconde question a été très ingénieusement traitée par YVES DELAGE dans un *Essai sur la théorie du rêve.*

Il commence par formuler ces deux lois qui résultent, selon lui, d'une exacte observation de faits :

1° En règle générale, les idées qui ont obsédé l'esprit pendant la veille ne reviennent pas en rêve.

2° Une impression a d'autant plus de chance de provoquer un rêve qu'elle a été moins consciente et plus vive.

De ces deux lois, la théorie se déduit. « Chaque sensation, chaque idée contient en elle une certaine dose d'énergie qu'elle dépense en occupant la pensée; si notre attention est détournée d'elle, la dépense s'arrête; moins cette dépense a été forte, plus le reste disponible est grand. Pendant le sommeil, l'attention n'est plus dirigée par la volonté, ni détournée par les sensations nouvelles, et nous sommes livrés à nos impressions anciennes qui sortent de leur état d'inhibition passagère et, chacune avec l'énergie qui lui reste, tendent à reprendre leur évolution interrompue. Un autre facteur cependant intervient, qui, selon le hasard des circonstances, apporte à l'une ou à l'autre un renfort important. Les vagues impressions que perçoivent nos sens alourdis, les sensations internes venant de nos viscères, interprétées d'une manière inexacte ou exagérée, provoquent de fugaces pensées, et par une association d'idées, telle impression ancienne peut être éveillée qui n'aurait pas eu la force de rentrer en scène. » En outre, au lieu de rester distinctes, les visions et les idées se superposent, se fusionnent, se combinent; enfin, l'imagination, souvent, et les autres facultés intellectuelles, plus rarement, interviennent, selon que le sommeil est plus ou moins profond.

Telles étaient les principales théories du sommeil et du rêve avant que le progrès des recherches histologiques eût permis de jeter les bases d'une nouvelle et plus satisfaisante explication.

BIBLIOGRAPHIE

Alix. — Étude sur les rêves. *Rev. scientif.,* 3 novembre 1893, p. 554.

Arloing. — Influence comparée des injections intra-veineuses de chloral, de chloroforme et d'éther (circulation cérébrale). *Académie des sciences,* 28 juillet 1879, p. 245.

Azoulay. — La psychologie histologique et la structure du système nerveux. *L'année psychol. de H. Beaunis et A. Binet,* II⁰ année, 1895.

Bichat. — *Recherches physiologiques sur la vie et la mort,* 3e édition, Paris, an XIII (1805).

Binet et Féré. — La théorie physiologique des hallucinations. *Rev. scientif.,* 17 janvier 1885, n⁰ 2, p. 49.

— Les paralysies par suggestion. *Rev. scientif.,* 12 juillet 1884, p. 45.

Brown-Séquard. — Anesthésie artificielle, sans sommeil et avec conservation de l'intelligence, etc... *Académie des sciences,* 2 juin 1885, p. 1366.

Yves Delage. — Essai sur la théorie du rêve. *Rev. scientif.,* 11 juillet 1891, n⁰ 2, p. 40.

Delbeuf. — *Le sommeil et les rêves,* Paris, 1885.

Raphaël Dubois. — Autonarcose carbonico-acétonémique ou sommeil hibernal. *Comptes rendus de l'Académie des sciences*, 25 février 1895, p. 458. *Société de biologie*, 2 mars, p. 149.

Mathias-Duval. — Article Sommeil du *Dictionnaire de médecine et de chirurgie de Jaccoud*.

Léo Errera. — Pourquoi dormons-nous ? *Rev. scientif.*, 23 juillet 1887, p. 105.

— Sur la théorie toxique du sommeil. *Société de biologie*, 27 juin 1891, p. 508.

Ch. Féré. — L'ivresse émotionnelle. *Rev. de médecine*, décembre 1888, t. VIII, n° 12.

Hammond. — *On wakefulness*. Philadelphie, 1866, in-8°.

— *Sleep and its derangements*. Philadelphie, 1869, in-8°.

— A lecture on sleep. *Gaillard's med. Journ.*, 1880, XXIX, p. 125.

Hirtz (G.). — *Les localisations cérébrales en psychologie ; pourquoi sommes-nous distraits?* Paris, 1895, 1 vol. in-12 de 133 p., Alcan.

Langlet. — *Étude critique sur quelques points de la physiologie du sommeil*. Thèse Paris, 1872, in-4°.

Mosso. — *Sulla circulazione del sangue nel cervello dell' uomo*. Turin, 1878, in-8°.

— Il sonno sotto il rispetto fisiologia ed igienico. *Giorn. d. Soc. ital. d'ig.*, 1882, IV, p. 801.

Naville. — La question du sommeil. *Rev. scientif.*, 20 juillet 1878, p. 56.

Pettenkofer et **Voit.** — In *Sitzunsber. d. bayr. Akad.*, 10 novembre 1886 et 9 février 1867, et *Zeitschr. f. Biologie*, 1866, II, p. 545.

Pflüger. — Theorie des Schlafes. *Archiv. f. d. ges. Physiol.*, 1875, X, p. 468

Preyer. — Schlaf durch Ermüdungsstoffe hervorgerufen. *Centralbl. f. d. med. Wiss.*, 1875, XIII, p. 577.

— La cause du sommeil. *Rev. scientif.*, 9 juin 1877, p. 1173.

Rosenbaum. — *Warum müssen wir schlafen*. Berlin, 1892, in-8°, anal. *Rev. scientif.*, 17 septembre 1892, p. 379.

Salathé. — *Recherches sur les mouvements du cerveau et sur le mécanisme de la circulation des centres nerveux*. Thèse, Paris, 1877, in-4°.

Sergueyeff. — *Physiologie de la veille et du sommeil*. Paris, 1890, 2 vol. in-8°, anal. dans *Rev. scientif.*, 18 février 1891, p. 277.

Voit. — In *Zeitschr. f. Biol.*, 1878, *XIV*, et in *Hermann, Handb. der Phys.*, 1881, VI, I.

Vulpian. — *Leçons sur l'appareil vaso-moteur*, t. III, p. 153.

Yung (E.). — *Le sommeil normal et le sommeil pathologique*. Paris, 1883, Doin.

2° Théorie histologique du sommeil.

Il en est d'une théorie histologique du sommeil comme d'une théorie de la contraction musculaire. Son but essentiel est, dans les deux cas, de chercher à déterminer ce qui se passe dans l'élément anatomique pendant le phénomène étudié.

Les muscles, pendant l'état de contraction, sont le siège d'une circulation plus active; ils consomment plus d'oxygène, exhalent plus d'acide carbonique, leur état électrique est modifié. Mais tout cela ne nous explique pas pourquoi les fibres musculaires sont formées de parties alternativement sombres et claires, ni ce qui se passe dans ces parties lorsque de l'état de repos la fibre passe à l'état de contraction. Lorsque, au contraire, les histologistes, avec KRAUSE, ENGELMANN, MERKEL, émettent certaines hypothèses sur le déplacement latéral d'une prétendue partie liquide de la case musculaire, ils cherchent à établir une théorie histologique de la contraction; lorsque RANVIER nous montre que les disques sombres passent de la forme cubique à la forme sphérique, en laissant échapper la partie liquide de leur contenu, on peut dire qu'il édifie cette théorie sur des bases solides. Le phénomène histologique (cellulaire, protoplasmique) supposé ou démontré n'enlève rien de leur importance aux phénomènes physiques et chimiques antérieurement définis; ceux-ci sont corrélatifs aux modifications cellulaires : ce sont deux faces d'un même problème, deux solutions qui se complètent sans s'exclure.

De même pour le sommeil : l'état de la circulation cérébrale, l'intensité des combustions, de la production de chaleur, l'état électrique des masses cérébrales sont des conditions précieuses à déterminer; mais, comme en dernière analyse les centres nerveux se composent de cellules, ici encore la recherche histologique peut trouver place. Quel est l'état de ces cellules, quelles sont les modifications de forme, d'aspect, qu'elles peuvent présenter dans l'état de sommeil comparativement à l'état de veille? Les suppositions qu'on pourra émettre à cet égard seront autant d'hypothèses relatives à la théorie histologique du sommeil; les faits qu'il sera possible de constater directement seront les bases d'une théorie histologique du sommeil.

Cette théorie ne viendra ni renverser les théories déjà proposées, ni s'intercaler entre elles; elle sera à côté d'elles, indépendante d'elles ; en effet, ces théories antérieures n'ont fait allusion qu'à des phénomènes généraux, qui sont ici ce que les combustions, production de chaleur, etc..., sont à la contraction musculaire, tandis que la théorie histologique, au-dessous de ces phénomènes généraux, plus ou moins propres au sommeil, ne vise que les modifications de forme, d'aspect, de rapports des cellules nerveuses.

Pour la contraction musculaire, l'observation directe a permis à RANVIER de constater une modification de forme et de volume dans les disques sombres. Aux hypothèses de KRAUSE, ENGELMANN, MERKEL, il a pu substituer ainsi une théorie positive de la contraction musculaire, théorie qui mérite, au premier chef, le titre d'*histologique*, puisqu'elle invoque une modification dans la forme de l'élément histologique.

Pour le sommeil, nous n'en sommes pas encore à un point aussi avancé. Nous n'avons pas encore la constatation d'une modification incontestable de la cellule nerveuse. C'est donc uniquement par des hypothèses que nous pouvons aborder le problème. Il faut une hypothèse qui explique tous les faits et qui soit exactement en rapport de conformité avec les notions bien établies sur la morphologie et les connexions des neurones. Or, ces notions, d'une part, et les conséquences physiologiques qu'elles comportent, sont de nature à guider l'hypothèse que nous pouvons faire, c'est-à-dire à lui indiquer vers quels points elle doit se diriger, sur quelles parties d'éléments elle doit se fixer, et enfin quelles suppositions doivent être faites à propos de ces éléments ; de telle sorte que, l'hypothèse une fois formulée, on arrive à constater que tout, dans les phénomènes extérieurs du sommeil, se passe comme si en effet l'hypothèse en exprimait le phénomène intime, cellulaire, histologique.

C'est cette marche vers un point donné, que nous allons essayer de suivre, guidé, forcé par des connaissances histologiques et physiologiques bien établies.

1° Le sommeil consiste en un repos des centres nerveux supérieurs par le fait de la non réception ou de la difficile réception des impressions extérieures. Nous savons, ou tout au moins nous sommes aujourd'hui très autorisés à croire que les centres nerveux fonctionnels sont représentés, non par les corps cellulaires des neurones, mais par les articulations de ces neurones. C'est donc au niveau de ces articulations que doit se passer la modification histologique, protoplasmique qui constitue le sommeil.

Or, puisque ces articulations se font, non par continuité, mais par simple contiguïté des ramifications terminales d'un prolongement cylindraxile d'un neurone avec les ramifications des prolongements de protoplasma d'un autre neurone ; puisque, à l'état de veille, la transmission du premier neurone au second doit se faire en franchissant la faible distance qui sépare ces deux ordres de ramifications, quoi de plus légitime que de supposer que, lorsque cette transmission prend fin, ou devient très difficile, c'est parce que cette distance est devenue plus considérable. Dans le sommeil, la non réception ou la difficile réception des impressions extérieures serait donc due à ce fait que la contiguïté serait devenue moins intime dans les articulations des neurones intercommunicants.

2° Quels sont ces neurones? Les notions bien établies sur l'histologie des centres, et si admirablement schématisées par VAN GEHUCHTEN, nous ont appris qu'il existe dans l'axe cérébro-spinal toute une série de régions où les neurones sensitifs périphériques s'articulent avec les neurones sensitifs centraux; les noyaux de BURDACH (pyramides postérieures du bulbe) représentent l'une des plus importantes de ces régions; au-dessous d'elle est le monde des neurones des phénomènes réflexes; au-dessus, le monde des phénomènes psychiques ou cérébraux (1).

Dans le sommeil, les réflexes ne sont pas abolis; il n'y a donc pas d'interruption ou de difficulté de passage dans les articulations de neurone à neurone sur le domaine des phénomènes réflexes. Les actes cérébraux ne sont pas complètement abolis, comme le montrent les rêves; ici encore il n'y a pas non plus interruption de passage de neurone à neurone. Donc, c'est seulement, ou surtout, dans les articulations des neurones sensitifs périphériques avec les neurones sensitifs centraux que le passage est supprimé ou rendu plus difficile; c'est au niveau de ces articulations que la *contiguïté* est devenue moins intime.

3° En quoi consiste cet état moins intime de contiguïté ? Puisque ces articulations sont produites par des ramifications partant de deux cellules différentes et se disposant au voisinage les unes des autres, la seule supposition plausible consiste à admettre que ce voisinage devient moins grand, parce que ces ramifications s'écartent les unes des autres, soit en se rétractant légèrement chacune vers le corps cellulaire dont elle émane, soit en subissant un léger déplacement latéral. Entre ces deux modes de déplacement, nous ne

(1) Voir Planche II.

choisirons pas : ils reviennent au même ; ils sont tous deux possibles dans des prolongements tels que ceux qu'émettent les Amibes. Ce sont en tous cas des mouvements ou déplacements de protoplasma ; c'est ce que nous désignons sous le nom de *mouvements amæboïdes*.

Mais, dans cette articulation, il y a les ramifications du neurone sensitif périphérique et, d'autre part, les ramifications des prolongements de protoplasma du neurone sensitif central. Ces deux ordres de rameaux présentent-ils ce mouvement quelconque que nous désignons, pour abréger, sous le nom d'amæboïde ?

Il est extrêmement peu vraisemblable que les ramifications terminales de cylindre-axe soient capables d'amæboïsme, et Kölliker (ci-dessus, page 71) a certainement eu raison en le leur déniant. L'extrémité libre du cylindre-axe est très loin du corps cellulaire, c'est-à-dire du noyau, et les travaux des cytologistes nous ont appris combien le voisinage ou la présence du noyau est importante pour les manifestations amæboïdes. Les conditions sont inverses pour les ramifications des prolongements de protoplasma ; nous devons donc supposer qu'elles sont le siège des mouvements (rétractions ou oscillations) amæboïdes.

Mais nous avons ici mieux qu'une supposition. Nous avons un fait qui nous prouve que les prolongements protoplasmiques de certains neurones sont doués de mouvements.

Ces neurones sont les éléments connus sous le nom de cellules olfactives, dans l'épithélium de la muqueuse olfactive. Il a été établi par Cajal, par Van Gehuchten, etc., que ces éléments sont des cellules nerveuses bipolaires, et représentent le neurone sensitif de l'olfaction. Ces cellules bipolaires ont deux prolongements : l'un profond, cylindre-axe, va former la fibre nerveuse du nerf olfactif ; l'autre, dirigé vers la superficie, représentant le prolongement de protoplasma, s'insinue entre les cellules épithéliales, et émerge libre à la surface de la muqueuse, où il se termine par un filament unique ou par deux filaments en forme de cils doués de mouvement. « Les mouvements qu'ils présentent, dit RANVIER (*Technique*, édition de 1889, page 710), sont absolument différents de ceux des cils vibratiles. Tandis que ces derniers se meuvent tous rapidement dans la même direction, les cils olfactifs se meuvent très lentement, tantôt dans un sens, tantôt dans l'autre. »

Voici donc que nos hypothèses, amenées à se concentrer sur les prolongements de protoplasma, rencontrent un fait d'observation directe montrant que les prolongements de protoplasma de certains neurones sont mobiles. Nous l'enregistrons aussitôt ; nous l'appliquons aux prolongements de protoplasma des neurones sensitifs centraux et nous disons hardiment : il est probable que, à l'état de veille, ces ramifications oscillent au contact immédiat des terminaisons de cylindre-axe des neurones sensitifs périphériques pour recueillir les impressions apportées par ceux-ci ; à l'état de sommeil, ces ramifications protoplasmiques se rétractent ou s'écartent de celles du cylindre-axe, demeurent immobiles, et ne recueillent plus ou recueillent peu les impressions amenées par ce dernier.

Telle est la théorie histologique du sommeil.

Mais, pour la rendre complète, il faut voir si cette conception est telle que tout se passe dans le sommeil comme si elle était vraie. Nous avons donc à nous poser encore une série de questions.

4° Dans le sommeil ordinaire, la non réception ou la difficile réception des impressions extérieures n'est pas absolue.

Certaines excitations externes arrivent jusqu'au cerveau et y déterminent des rêves ; on fait passer à plusieurs reprises une lumière intense devant les paupières fermées d'une personne endormie, elle ne se réveille pas ; mais plus tard, quand arrive le réveil, elle raconte qu'elle a rêvé d'incendie, de volcan en éruption ou d'éclairs et d'orage. D'autres fois, l'excitation produit le réveil.

Ces phénomènes s'expliquent parce que la distance entre les ramifications écartées n'est pas devenue si grande qu'une excitation intense ne puisse la franchir ; du neurone sensitif périphérique au neurone sensitif central le passage de l'influx quelconque qui est l'essence de la conduction nerveuse est comparable à l'étincelle électrique qui, entre deux points écartés, jaillit ou ne jaillit pas, selon l'intensité du courant, selon la charge de la bouteille de Leyde.

Nous apportons donc une première restriction à cet énoncé que l'articulation des neurones périphériques et centraux est devenue infranchissable ; elle est seulement devenue plus difficile à franchir, et cela, selon des conditions variables, selon tel ou tel organe des sens, selon l'état du sujet. C'est pourquoi telles excitations sont plus aptes que telles autres à provoquer le réveil ou à être l'origine des songes.

5° A cette première restriction, il faut en ajouter deux autres. Sans doute c'est essentiellement au niveau des articulations des neurones périphériques et des neurones centraux que se fait l'interruption, la désarticulation ou la demi-désarticulation en question. Mais ce n'est pas à dire qu'il n'y ait pas, pendant le sommeil, de désarticulations semblables entre d'autres neurones.

D'abord entre les neurones centraux cérébraux. L'incohérence des rêves, la manière brusque, inusitée, dont s'y font les associations des images, des souvenirs, montrent qu'évidemment les voies intercommunicantes des cellules cérébrales ne sont pas toutes largement ouvertes comme à l'état de veille. Non seulement les neurones qui établissent les communications entre le monde cérébral et les neurones périphériques ont rétracté leurs prolongements pour s'isoler de l'extérieur et se reposer par la cessation de toute activité, mais dans le monde des neurones cérébraux, dans les centres cérébraux proprement dits, dans leurs neurones d'association, nombre d'éléments se sont semblablement ramassés sur eux-mêmes pour se donner le repos et la réparation. Aussi les activités locales qui constituent le rêve ne trouvent-elles ouvertes devant elles que des voies incomplètes et selon le hasard desquelles se font les bizarres associations de la pensée rêvée.

Inversement, dans le monde des neurones des actes réflexes, il n'est pas à croire que toutes les communications persistent comme à l'état de veille. Si certains réflexes persistent et sont même plus faciles, d'autres au contraire paraissent abolis. La moelle a aussi son état de sommeil. Pour prendre un exemple extrême, pensons à la chloroformisation : elle produit d'abord le sommeil du cerveau, elle abolit la sensibilité ; mais, quand le réflexe cornéen disparaît, déjà il y a menace de danger par abolition des réflexes essentiels à la vie de l'ensemble de l'organisme ; que la chloroformisation aille plus loin encore, tous les réflexes essentiels seront suspendus, entr'autres celui de la respiration, par le sommeil de leurs centres. Pour conjurer la mort imminente dont ce sommeil de la moelle et du bulbe est comme le début, il faudra trouver une excitation capable de réveiller ces centres inférieurs ; ce ne sera pas l'intensité même de cette excitation qui la rendra efficace, ce sera sa nature, ce sera surtout la nature du nerf et, par suite, des centres sur lesquels elle portera; et c'est ainsi que les tractions rythmées de la langue sont devenues, entre les mains de Laborde, un si précieux moyen de réveiller les centres de la respiration.

Ce sommeil de la moelle est évident dans les expériences de Goltz (1). Le Chien, privé de ses deux hémisphères cérébraux, présentait des alternatives de veille et de sommeil. Dans ce cas, le sommeil de la moelle (bulbe, protubérance et même cervelet), était rendu visible par son isolement de tout sommeil cérébral, par lequel il est voilé d'ordinaire chez l'animal normal.

Le sommeil n'est donc pas fonction du cerveau; tous ou presque tous les neurones dorment, c'est-à-dire rétractent ou isolent leurs prolongements de protoplasma pour se soustraire aux excitations et jouir du repos réparateur. Mais certainement, de ces isolements, de ces interruptions de passage, les plus importants sont ceux qui se manifestent entre les neurones sensitifs centraux et les neurones sensitifs périphériques.

6° Comment s'établit ce repos, cet isolement, cette rétraction des prolongements protoplasmiques?

(1) « Au cours de ces dernières années, un physiologiste allemand, M. Goltz,
« a pu conserver pendant près de deux ans un Chien auquel il avait enlevé les
« hémisphères cérébraux. Comme chez un animal intact, on observait sur ce
« Chien des *périodes alternatives de veille et de sommeil*. D'abord il fallut nour-
« rir ce *Chien sans cerveau* en lui introduisant les aliments dans l'œsophage;
« plus tard, il finit par manger tout seul. Ses impressions sensorielles étaient
« obtuses; sous le coup d'une irritation très forte de la peau, il aboyait; il fal-
« lait des bruits violents pour le réveiller; une lumière intense lui faisait tourner
« la tête ou fermer les paupières. Il savait choisir les morceaux de viande
« imbibés de lait et ne touchait pas à ceux qui étaient imprégnés de coloquinte.
« Quant aux rapports avec le monde extérieur, le Chien était indifférent à
« tout ce qui se passait autour de lui : il ne manifestait plus ni joie, ni tris-
« tesse, ni colère, ni jalousie; il n'avait plus ni mémoire, ni intelligence. »
(E. Retterer. *Anatomie et physiologie animales*, 2° édition, Paris, 1896.)

D'abord il est rendu nécessaire par l'épuisement, par la fatigue des éléments nerveux. Une cellule nerveuse est comme une cellule glandulaire ; quand elle a longtemps donné, il faut qu'elle répare ses pertes de substance. Elle ne parait pouvoir le faire que par la cessation de toute activité ; c'est ainsi que les cellules glandulaires présentent des alternatives de travail et de repos.

Cependant on peut, par des excitations intenses et prolongées, forcer cette glande à sécréter longtemps ; par l'excitation de la corde du tympan, on prolonge pendant dix et douze heures la sécrétion de la sous-maxillaire, quelque épuisée qu'elle soit. De même on peut forcer les cellules cérébrales à demeurer en activité malgré leur besoin de repos ; en présence d'un travail urgent à terminer, nous multiplions les excitations externes et internes (boissons excitantes) ; il faut parfois, selon l'expression vulgaire, se pincer pour ne pas dormir. Mais bientôt, en dépit de ces efforts, certains neurones se désarticulent ; la pensée n'a plus sa coordination normale ; le travail cérébral prend les caractères des rêves ; et finalement le sommeil s'établit d'une manière inéluctable.

Si les cellules nerveuses ne sont pas fatiguées, si le sommeil n'est pas imposé par le besoin, il faut, pour l'amener, mettre les cellules nerveuses dans les conditions mêmes du repos. Une position qui exclut tout effort, l'occlusion des paupières, le silence font que les cylindres-axes des neurones sensitifs périphériques n'apportent plus rien au voisinage des prolongements de protoplasma des neurones sensitifs centraux. Ces derniers prolongements, que rien ne sollicite, rentrent en eux-mêmes ; les désarticulations se produisent graduellement ; le monde cérébral, la pensée continue parfois à être ce qu'elle était à la fin de l'état de veille ; on rêve souvent des choses auxquelles on pensait avant de s'endormir. Nous connaissons telle personne qui se procure, à volonté, au début de la nuit, des rêves de telle ou telle nature en pensant aux objets voulus, au moment de s'endormir.

Nous pouvons donc dire que, dans l'état de veille, les prolongements protoplasmiques des neurones sensitifs centraux sont sans cesse sollicités par les excitations qu'apportent les neurones périphériques ; ces prolongements protoplasmiques se meuvent au contact des ramifications cylindraxiles des neurones afférents, et vont à la recherche de ces excitations, comme les prolongements libres des cellules olfactives vont à la recherche des particules odorantes. Quand nous fermons les yeux, quand nous nous étendons commodément, quand nous obtenons le silence, ces ramifications protoplasmiques, non sollicitées, s'arrêtent, et ne recueillent plus rien. Peut-être le sommeil n'est-il, en dernière analyse, que cet arrêt ; peut-être n'y a-t-il pas de rétraction des prolongements de protoplasma ; peut-être l'état de veille ou d'activité de la cellule nerveuse consiste-t-il dans l'oscillation de ces tentacules qui vont recueillir les excitations en se mettant au contact tantôt de telle ramification de cylindre-axe, tantôt au contact de telle autre. Que ce tentacule reste immobile entre deux ramifications de cylindre-axe, il ne recueillera plus rien ; la désarticulation succéderait à un état d'articulation incessamment mobile et contingent. On voit que nous faisons bon marché de l'expression amœboïsme, de la comparaison des prolongements de protoplasma avec des pseudopodes, pseudopodes capables de s'allonger et de se raccourcir. La seule idée qui nous paraisse essentielle, c'est qu'il s'agit de mouvements protoplasmiques semblables à ceux que l'on peut constater et qui sont classiquement connus pour les cellules les plus diverses. Pseudopodes amœboïdes ou mouvement de cils vibratiles, peu nous importe ; et du reste, on sait aujourd'hui qu'il y a, chez

les êtres uni-cellulaires, toutes les formes de transition entre
le pseudopode temporaire, rétractile, et le pseudopode perma-
nent, vibratile.

Mais ce sont encore les Amibes ou les leucocytes qui nous
présentent les phénomènes les plus comparables au sommeil.
Dans une préparation de leucocytes nous voyons ces éléments
pousser des prolongements amæboïdes, tant qu'il y a de l'oxygène dans le sérum qui les baigne entre lame et lamelle. Si la
lamelle a été lutée, au bout d'un certain nombre d'heures, le
milieu est pauvre en oxygène, riche en acide carbonique. Alors
plus de prolongements amæboïdes ; le leucocyte les a rétractés,
il se présente sous la forme sphérique. Il dort. Il dort, disons-
nous, et la preuve c'est qu'on le réveille en descellant la
lamelle, en laissant pénétrer l'oxygène et sortir l'acide carbonique ; mouvements pseudopodiques, mouvements vibratiles,
arrêtés par l'asphyxie, reparaissent presque aussitôt. Comment ne pas comparer ce sommeil de l'être uni-cellulaire à
celui des cellules nerveuses des êtres composés ? Ce n'est pas
d'aujourd'hui qu'on a assimilé l'asphyxie au sommeil, et réciproquement, et nous avons vu que les tractions rythmées de
la langue sont, pour les centres respiratoires asphyxiés, c'est-
à-dire endormis, un véritable moyen de réveil.

7° Les particularités du réveil lui-même concordent parfaitement avec ce qu'on pourrait induire à priori en partant
de la théorie histologique

Si le réveil est brusque, sous l'influence d'une énergique
excitation d'un organe des sens, c'est d'abord dans le
domaine de ce sens que les communications de cellules à cellules se rétablissent, puis, rapidement, toutes les articulations
des neurones sont rétablies et l'état de veille est complet.

Plus lent et plus hésitant est le réveil spontané, succédant à une réparation suffisante. On dirait que, parmi les neurones, quelques-uns seulement d'abord sortent de leur état d'immobilité ou de rétraction ; ils étirent en ce moment avec hésitation leurs prolongements protoplasmiques ; ils établissent des communications qu'ils interrompent presque aussitôt, pour les ouvrir de nouveau après un temps plus ou moins long et en alternant avec d'autres en instance de réveil. Le fonctionnement total et synergique des cellules nerveuses se rétablit ainsi peu à peu, par un progrès intermittent et éparpillé ; les cellules se réveillent chacune pour son compte, comme se réveillent les divers habitants d'une cité. Et souvent, après que nous avons quitté notre couche, fait la première toilette du matin, quelques neurones centraux sont encore restés dans l'isolement ; il faut, pour se mettre au travail, exciter vivement ces retardataires, et, comme par le troisième roulement de tambour à l'heure matinale du collège, faire sortir de leur inertie les paresseux. Si le repos a été insuffisant, le réveil est plus pénible, plus long ; les retardataires plus nombreux ; les neurones ont peine à sortir spontanément de leur état de rétraction.

Nous pouvons donc dire qu'il n'y a pas un sommeil, un réveil ; il y a autant de sommeils et de réveils qu'il y a d'éléments nerveux capables d'activité, et auxquels par suite le repos est nécessaire.

En somme, on pourra dire que cette théorie n'est guère neuve, car elle ne fait qu'appliquer aux cellules nerveuses ce qui est admis aujourd'hui pour tous les éléments cellulaires de l'organisme. Tout état de fonction ou de repos de ces éléments se traduit par des dispositions différentes de leurs parties constituantes. La seule prétention qu'ait cette théorie c'est de chercher quelle est, dans la cellule nerveuse, la partie modifiée. Nous pensons avoir rendu bien vraisemblable l'idée que cette partie serait représentée par les prolongements protoplasmiques.

Mais du moins cette théorie nous délivre des conceptions vagues et des formules métaphysiques. Nous lisons par exemple dans un ouvrage récent (1) : « Le sommeil est l'état de repos de notre conscience. » En effet, le sommeil peut devenir un état absolument inconscient, si tous les neurones se sont rétractés et immobilisés; mais nous l'avons vu, le fait est rare ; la plupart du temps nombre de neurones du monde cérébral sont encore en activité intercommunicante. Est-ce que, dans le rêve, nous n'avons pas conscience de notre personnalité? Est-ce que nous ne nous y souvenons pas et de notre moi à l'état de veille et de même de notre moi tel qu'il a été dans des rêves antérieurs ?

Notre projet premier était de poursuivre la théorie histologique du sommeil normal jusque dans tous les états pathologiques. Nous avons bientôt reconnu que cette entreprise nous entraînerait trop loin, au delà des modestes limites d'une thèse inaugurale ; elle nous a paru au-dessus de nos forces et nous y renonçons, du moins pour le moment, renvoyant le lecteur à l'excellente page qu'a écrite à ce sujet le professeur Lépine, de Lyon (*Revue de Médecine*, 1894, page 727).

(1) Marie de Manaceine. *Le sommeil.* (Trad. du russe par E. Jaubert. Paris, 1896.)

CONCLUSIONS

Nous avons cherché, au cours de ce travail, à donner une idée
d'ensemble des diverses théories émises sur le fonctionnement
des éléments nerveux, et souvent nous nous sommes abstenu
de toute critique, pensant que la critique ressortait naturelle-
ment de l'exposé des faits. Ici nous formulerons le choix que
nous croyons pouvoir faire entre ces théories. Comme le sommeil
n'est qu'un cas particulier de la question générale, nous con-
fondrons, dans ces conclusions, l'état de sommeil et de veille
avec les autres états d'activité et de repos du système nerveux.

Nous pensons que :

I. — Quelle que soit l'essence de l'activité des éléments
nerveux, il n'y a fonctionnement des centres nerveux que
par le passage, en des voies multiples, de l'excitation d'une
cellule à une autre.

II. — Le passage a lieu par des communications contin-
gentes, c'est-à-dire qui peuvent être ouvertes à tel moment,
fermées à tel autre.

III. — Pour comprendre cette contingence, une seule hypothèse nous paraît possible : c'est que les ramifications qui,
de neurone à neurone, se terminent, à l'état d'extrémités
libres, au voisinage les unes des autres, sont tantôt plus inti-
mement rapprochées, tantôt très légèrement écartées ; la
contiguïté, en un mot, est plus ou moins intime.

IV. — Il ne serait pas impossible que, pour certaines cellules, par l'effet de l'habitude, c'est-à-dire d'un fonctionnement énergique, toujours dans le même sens cette contiguïté devînt définitive et se transformât en continuité. Ainsi s'expliqueraient les quelques observations d'histologistes qui ont constaté des dispositions en discordance avec les notions aujourd'hui classiques, après les travaux de GOLGI, CAJAL, LENHOSSEK, VAN GEHUCHTEN, KÖLLIKER, EHRLICH.

V. — Cette variation dans l'état de contiguïté des ramifications articulaires des neurones ne peut se comprendre que par des déplacements, des mouvements de ces extrémités ramifiées.

VI. — Ces extrémités ramifiées, sont d'une part celles d'un prolongement cylindraxile, d'autre part celles des prolongements dits de protoplasma.

VII. — On peut adopter l'expression de mouvements amæboïdes pour ces déplacements, et parler d'amæboïsme des cellules nerveuses.

VIII. — Mais il faut donner à cette expression le sens le plus large, et entendre par elle aussi bien des mouvements de pseudopodes rétractiles que des mouvements de cils vibratiles.

Peut-être l'expression *mouvements protoplasmiques* serait-elle préférable ; elle serait plus générale d'une part, et d'autre part, pour le cas particulier, elle rappellerait que ces mouvements se passent dans les prolongements dits de protoplasma et non dans les extrémités du cylindre-axe.

IX. — L'étude des cellules olfactives, ou neurones olfactifs

périphériques, a montré en effet à RANVIER que les prolongements périphériques de ces cellules, prolongements qui sont
les homologues des prolongements de protoplasma des autres
cellules nerveuses, sont doués de mouvements lents, d'oscillations qui ne sont ni de véritables mouvements vibratiles,
ni des poussées et rétractions de pseudopodes.

X. — Les centres fonctionnels sont donc représentés par
ces articulations, en partie mobiles, des neurones ; les centres
trophiques sont représentés par les corps cellulaires des
neurones.

XI. — Mais ces localisations ne doivent pas être prises
dans un sens trop absolu. Le corps cellulaire, qui renferme le
noyau, préside aussi bien aux actes trophiques qu'aux actes·
fonctionnels ; la physiologie générale des cellules, poussée
très loin aujourd'hui par les cytologistes, notamment par
ceux qui ont fait des expériences de mérotomie, nous montre
en effet que le protoplasma ne fait rien, mouvements ou
élaborations, que par la présence, nous dirions presque la
présidence du noyau.

XII. — L'aspect variqueux, avec grains, renflements,
chapelets, des prolongements de protoplasma, est sans
doute en rapport avec la motilité de ces prolongements.
Peut-être ces grains, si variables dans leur nombre et leur
disposition, sont-ils, sur l'élément fixé par les réactifs, la
manifestation visible de ces mouvements, de ces déformations
amæboïdes.

XIII. — A l'état d'activité, le neurone qui reçoit une excitation va la recueillir en rapprochant ses ramifications de
protoplasma des ramifications cylindraxiles du neurone qui

P.   8

les lui transmet. L'état de repos consiste dans l'immobilité ou la rétraction de ces sortes de tentacules.

XIV. — C'est cet état d'immobilité qui constitue le sommeil.

XV. — Il n'y a pas un sommeil ; il y a autant de sommeils partiels qu'il y a d'espèces de neurones.

XVI. — Mais le sommeil d'ensemble, le sommeil bien établi consiste probablement dans l'immobilité ou la rétraction établie au niveau des zones d'articulation entre les neurones sensitifs périphériques et les neurones sensitifs centraux.

XVII. — Le sommeil, c'est-à-dire l'état d'isolement, par rétraction des prolongements, des autres neurones, est partiel et contingent dans les centres cérébraux, témoin les rêves.

XVIII. — Le sommeil des neurones est comparable à l'état des leucocytes en asphyxie ; l'arrivée de l'oxygène et le départ de l'acide carbonique réveillent ces leucocytes, c'est-à-dire leur donnent le mouvement.

XIX. — Quoique n'ayant pas poursuivi cette étude dans le domaine de la pathologie, nous pensons que la théorie de l'amæboïsme des cellules nerveuses pourra contribuer à expliquer bien des états pathologiques du système nerveux, et notamment les manifestations de l'hystérie.

De même que les excitations trop fortes, ou d'une nature particulière, amènent les leucocytes à rétracter leurs prolongements et à prendre la forme sphérique immobile, de même certaines excitations violentes ou spéciales peuvent amener brusquement la désarticulation des neurones et produire les anesthésies hystériques. Le neurone, qui s'est immobilisé et isolé sous ces influences, peut, sous une autre action, mobiliser brusquement ses expansions, et l'anesthésie ou la paralysie disparaîtront aussi inopinément qu'elles sont survenues.

Les phénomènes de transfert eux-mêmes seront peut-être explicables en appliquant ces hypothèses aux neurones d'association, qui permettraient à un centre de commander l'immobilisation aux neurones du même centre du côté opposé. Tous les phénomènes d'inhibition seraient du même ordre.

IMPRIMERIE LEMALE ET Cⁱᵉ, HAVRE

PLANCHE 1

Figure 1

Esquisse de tout le ganglion sus-œsophagien (*cerveau*), de
LEPTODERA HYALINA, dessiné sur l'animal vivant.

Figures 2, 3, 4, 5

Cerveau de LEPTODERA HYALINA dessiné à la chambre claire, sur
un même animal, avec le même grossissement et à différentes
phases du mouvement produit dans la zone granuleuse.

1. Œil.
2. Muscles de l'œil.
3. Antennes olfactives.
4. Organe sphérique.
5. Organe cylindrique.

6. Nerfs des muscles de l'œil.
7. Nerfs des antennes olfactives.
8. Ganglion optique.
9. Zone granuleuse de ce ganglion.
10. Portion postérieure de cette zone.

11. Cerveau.
12. Zone marginale limitant les fibres en anse du cerveau.
13. Collier œsophagien.
14. Disque d'origine des nerfs des antennes olfactives (3), de l'or-
    gane sphérique (4) et de l'organe cylindrique (5).
15. Nombreuses fibrilles allant de ce disque au collier œsophagien.

16. *Zone granuleuse, pars mobilis*, formant le tiers antérieur
    du cerveau.
17. Vacuoles à divers degrés de *contraction.*

PLANCHE 1

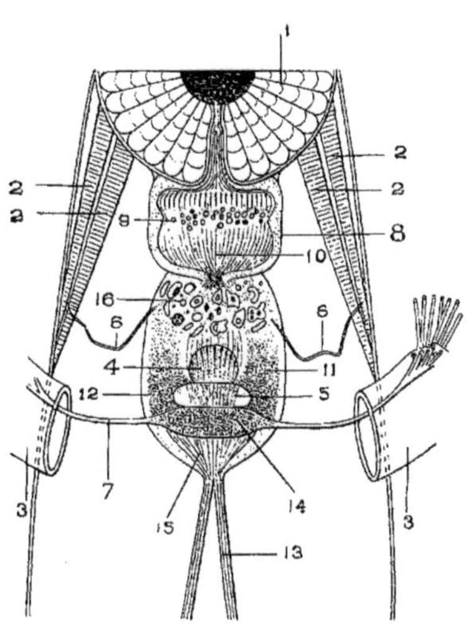

Fig. 1.

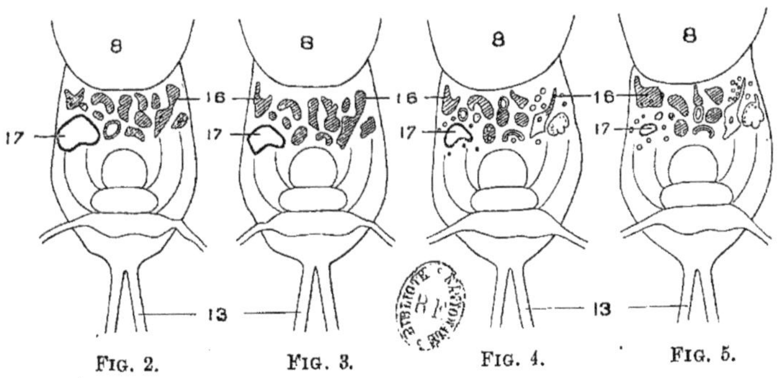

Fig. 2.   Fig. 3.   Fig. 4.   Fig. 5.

A gauche l'arc médullaire (*arc réflexe*).
A droite l'arc cérébral (*arc volontaire*) greffé sur l'arc médullaire.

L'ARC MÉDULLAIRE comprend 2 *neurones périphériques* (1 sensitif et 1 moteur) :

1, 2, 3, 4, 5, neurone *sensitif périphérique* allant du tégument à la moelle épinière.	6, 7, 8, 9, neurone *moteur périphérique* allant de la moelle à un muscle.

1. Panache périphérique d'une fibre sensitive.
2. Cette fibre allant (*cellulipète*) à la cellule sensitive d'un ganglion rachidien.
3. Cette cellule.
4. Fibre sensitive partant (*cellulifuge*) de cette cellule et allant à la moelle.
5. Panache médullaire de cette fibre.

6. Panache médullaire ARTICULÉ avec le précédent (5) et allant (*cellulipète*) à une cellule motrice de la corne antérieure de la moelle.
7. Cette cellule.
8. Fibre motrice partant (*cellulifuge*) de cette cellule et allant à un muscle.
9. Panache périphérique de cette fibre.

L'ARC CÉRÉBRAL greffé sur l'ARC MÉDULLAIRE comprend 4 *neurones* : 2 sensitifs (1 périphérique et 1 central) et 2 moteurs (1 central et 1 périphérique) :

1, 2, 3, 4, 5, neurone *sensitif périphérique* allant du tégument au bulbe rachidien.	10, 11, 12, 13, neurone *moteur central* allant du cerveau à la moelle épinière.

1. Panache périphérique d'une fibre sensitive.
2. Cette fibre allant (*cellulipète*) à la cellule sensitive d'un ganglion rachidien.
3. Cette cellule.
4. Fibre sensitive partant (*cellulifuge*) de cette cellule et allant au bulbe rachidien.
5. Panache bulbaire de cette fibre.

10. Panache cérébral ARTICULÉ avec le précédent (9) et allant (*cellulipète*) à une cellule motrice de la région rolandique.
11. Cette cellule.
12. Fibre motrice partant (*cellulifuge*) de cette cellule et allant à la corne antérieure de la moitié opposée de la moelle.
13. Panache médullaire de cette fibre.

6, 7, 8, 9, neurone *sensitif central* allant du bulbe au cerveau.	14, 15, 16, 17, neurone *moteur périphérique* allant de la moelle à un muscle.

6. Panache bulbaire ARTICULÉ avec le précédent (5) et allant (*cellulipète*) à une cellule sensitive du bulbe.
7. Cette cellule.
8. Fibre sensitive partant (*cellulifuge*) de cette cellule et allant à l'écorce (région rolandique) de l'hémisphère cérébral opposé.
9. Panache cérébral de cette fibre.

14. Panache médullaire ARTICULÉ avec le précédent (13) et allant (*cellulipète*) à une cellule motrice de la corne antérieure de la moelle.
15. Cette cellule.
16. Fibre motrice partant (*cellulifuge*) de cette cellule et allant à un muscle.
17. Panache périphérique de cette fibre.

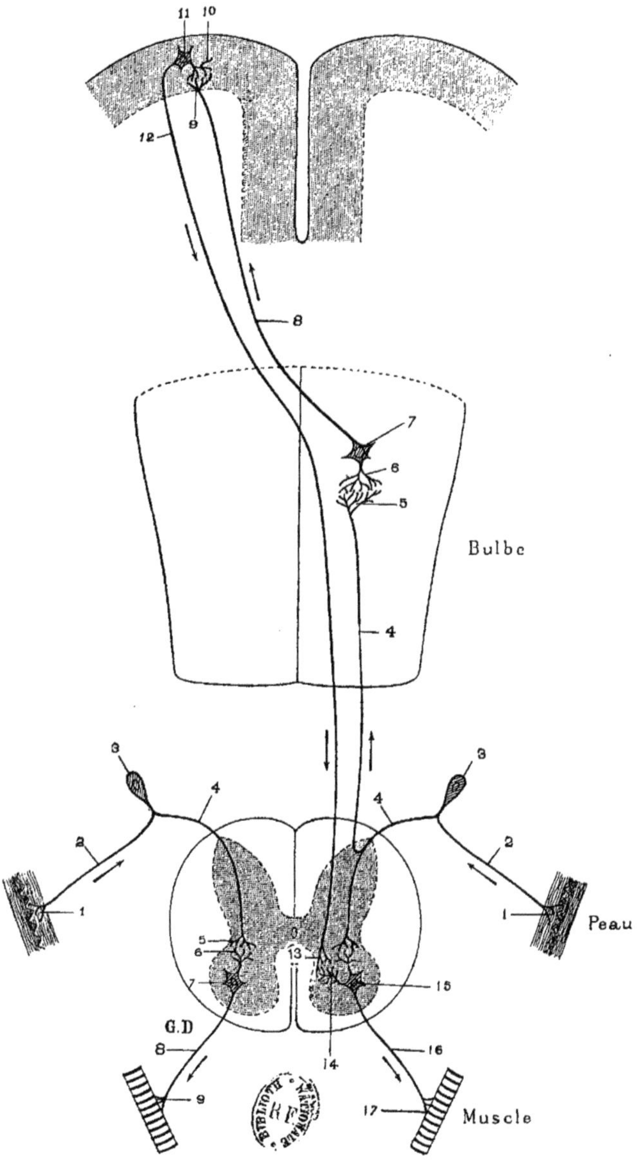

11 10
9
12
8
7
6
5
Bulbe
4
3
4
2
1
Peau
5
6
0
13
7
15
G.D
8
16
9
14
17
Muscle

LE NEURONE

ET LES HYPOTHÈSES HISTOLOGIQUES

SUR SON MODE DE FONCTIONNEMENT

THÉORIE HISTOLOGIQUE DU SOMMEIL

PAR

Le Docteur Charles PUPIN

PARIS

G. STEINHEIL, ÉDITEUR

2, RUE CASIMIR-DELAVIGNE, 2

1896